손에 잡히는
바이오
토크

손에 잡히는 바이오 토크

Bio Talk

IT를 넘어 BT의 시대로

김은기 지음

디아스포라

서문

IT 시대를 지나 BT 시대가 도래하다

옛 속담에 '말 타면 종 두고 싶다'는 말이 있다. 그만큼 인간의 욕망은 끝이 없다는 뜻이다. 오래 전 지구에 인간이 출현했다. 최초의 인류는 먹을 것을 찾으려고 이곳저곳을 돌아다니다가 드디어 정착하여 살게 되었다. 이렇게 수렵시대가 끝나고 농사를 지으면서 배고픔에 대한 갈증은 조금씩 해소되었다. 그러자 생활에 필요한 물건들이 눈에 들어오기 시작했다. 종이, 연필, 옷을 필요로 하는 수요가 증가하였다.

18세기에 이르러 증기기관이 발명되었다. 유럽을 중심으로 산업혁명이 일어나면서 이제 물건들을 대량으로 만들어내기 시작했다. 가내 수공업으로 만들어 신던 양말 대신 나일론 스타킹이 기계로 찍혀 나오기 시작했다. 사람들은 환호했다. 항상 사람들의 욕구를 충족시키지 못한 물건들이 주위에 넘쳐나기 시작했다.

물질적 소유의 욕망이 채워지자 사람들은 주위를 둘러보고 궁금해 하기 시작했다. 저 사람은 무슨 생각을 하고 있을까? 지구 저편의 사람들은 지금 크리스마스 이브에 무엇을 할까? 정보가 세상을 움직이는 IT시대가 시작되었다. 덕분에 지구촌이 하나가 되었다. 이제 사람들의 관심은 무엇일까? 두말할 것도 없이 건강하고 오래 사는 것이었다. 그것도 가능하면 공기 좋은 곳에서 살고 싶다. 바이오테크놀러지BT: Biotechnology시대가 도래한 것이다.

기술의 중요단계는 대중화다.

IT기술에 대해서는 누구나 한마디씩 할 말이 있다. 스마트폰으로 대변되는 IT기술은 이제 생활의 일부가 되었다. 맨 처음 휴대폰의 모습은 벽돌크기의 무전기였다. 이것이 세상에 등장했을 때 상품성이 있을까 하는 의구심이 많았지만 이제는 지구 인구의 반 이상이 스마트폰을 가지고 있다. 이제 IT 기술은 완전히 우리 생활 속에 정착했다.

하나의 기술이 인간사회에 정착하려면 3단계를 거쳐야 한다. 즉, 연구 단계, 상용화 단계, 그리고 제일 중요한 '대중화' 단계가 있어야 한다. 일반 대중들이 그 기술에 친숙해지고 우호적이어야 한다. IT는 쉽게 대중화될 수 있었는데 우선 서로 소통하는 필요가 있었기 때문이다. 스마트폰 없는 세상을 생각하기는 쉽지 않다. 반면 BT는 어떨까?

유전자변형식물, 즉 GMOGenetically Modified Organism는 대중화에 실패한 대표적인 사례다. 전 세계가 두 손 들고 GMO에 반대했다. 아직도 찬

반이 팽팽하다. 반대측에서 제기하는 건강에 대한 악영향과 환경 교란의 우려 때문에 찬성측의 주장, 즉 식량생산을 늘릴 수 있다는 중요한 장점이 과소평가되고 있다. 비단 GMO만이 아니다. 장기이식, 인공장기, 동물복제, 줄기세포가 사람들에게 윤리사회적인 문제를 던져주고 있다. 사람들은 자신이 모르는 정보를 더 멀리한다. 스마트폰처럼 본인들이 직접 만지고 쓸 수 있는 기계라면 친밀해진다. 반면 어려운 기술은 멀어진다. 멀어지면 오해한다. 그리고 반대한다. BT는 그래서 소통이 절실한 과학이다.

BT는 한국의 차세대 먹거리다.

IT산업이 포화상태에 이르고 있다. 휴대폰은 끊임없이 진화한다고 하지만 조금씩 개량되는 수준에 이르렀다. 우리 경제를 지탱할 수 있는 다른 먹거리를 찾아야 한다. 정부는 그동안 꾸준히 BT에 투자해 왔다. 많은 연구비를 들여서 기업, 대학이 BT제품을 만들 환경을 만들었다. IT에 비해 BT는 성과를 얻기 위해서는 오랜 시간이 필요하다. 이제 조금씩 그 결실이 나오고 있다. 삼성그룹이 IT 이후의 먹거리로 BT를 지목한 이유가 여기에 있다. 기업을 움직이는 것은 결국 사람이다. 특히 BT의 경우 기술이 모든 것이고 우수한 두뇌가 필요하다. 우리나라 청소년들은 바이오테크놀러지(BT) 정보에 관심을 가져야 한다. 한국과학창의재단의 조사는 과학자로서 자긍심을 가지게 한다. 조사 결과 국내 청소년들은 한국의 장래가 과학에 달려있다는 것을 잘 알고 있었다. 그리고 과학자들을 누구보다 존경한다. 하지만 과학자가 되겠다는 꿈을 쉽게 꾸지는 않는다. 왜냐하면 과학은 어렵다고 느끼기 때문이다. 사실 과학은 학교에서 배우는 다른 과목보다 어렵고 재미없다. 고려 말 이성계가 위화도에서 회군을 한 스토리는 재미있다. 하지만 원자는 전자와 중성자, 양자로 이루어졌다는 것은 별 재미가 없다. 그나마 다행인 점은 청소년들이 제일 관심 있는 과학이 뇌, 바이오라는 것이다. 원자는 손에 잡히지 않지만 뇌는 바로 내가 가지고 있는 것이기 때문이다. 따라서 청소년들의 과학적 호기심을 일으키는 첫 단추가 바이오가 되면 훨씬 쉽게 그들의 과학적 흥미를 만족시킬수 있다. 이 책이 목표하는 바가 바로 그 점이다. 즉 쉽게 이해되는 바이오테크놀러지가 목표인 것이다.

BT 5가지 분야의 지식을 이야기로 풀었다

사람들은 역분화 줄기세포는 잘 모르지만 도마뱀은 꼬리가 잘려도 다시 자란다는 사실은 잘 알고 있다. 이 책의 특징은 독자가 이해할 수 있도록 쉽게 설명하고 있다. 제일 쉽게 지식을 이해하는 방법은 스토리가 엮여있으면 된다. 그래서 역분화 줄기세포를 설명할 때는 도마뱀 꼬리와 함께 영화 '127시간' 이야기를 함께 했다. 또 인공신장 이야기를 할 때는 필자가 살던 아파트 위층 신혼부부 이야기를 했다. 그리고 다양한 사례를 들었다. 일반인들이 들어서 알 수 있었던 사건을 중심으로 그 안에 얽힌 과학을 이야기했다. 형무소에서 21년 간 억울하게 옥살이한 흑인청년의 범행증거가 잘못되었다는 이야기를 통해 DNA 검사의 정확성을 이야기했다. 또 성실했던 초등학교 행정실장이 어느 날 자신의 차에서 번개탄을 피워놓고 자살한 이야기를 통해 도박이 두뇌에 미치는 영향을 이야기했다.

이 책은 크게 5가지 분야의 이야기를 다룬다. 1부는 자연과의 공존기술이다. 인간이 끊임없이 부딪히는 에볼라, 메르스, 구제역 바이러스, 말라리아 모기. 이들은 수억 년 동안 이 세상에 살고 있는 '생존의 고수'들이다. 이들과 전쟁을 할 것이냐 아니면 공존할 방법을 찾을 것인가? 2부는 불로장생의 기술이다. 진시황의 불로초가 인간의 꿈이다. 100세가 넘는 노인들에게 주었던 '장수 기념 선물'이 너무 늘어나는 통에 일본정부가 비싼 선물대신 다른 방법을 고민 중이라고 한다. 이제 70세는 청년인 시대가 됐다. 장수의 조건은 무엇인가? 조금씩 먹어야 오래 산다고 하는데 그 이유가 궁금하다. 3부는 몸과의 소통이다. 땀이 단순히 인체의 냉각수가 아니고 내 몸의 상태를 대변하는 신호물질이다. 또 너무 깨끗한 곳에서만 자란 아이는 오히려 아토피가 걸려서 온 몸의 가려움 때문에 괴로워한다. 오히려 땅바닥에서 뒹굴며 자란 아이가 면역이 활성화되어 있어서 건강하다. 시차로 괴로울 때나 잠 못 이루는 불면증에는 태양이 최고다. 태양빛이 뇌의 생체시계를 움직이기 때문이다. 4부는 지구 이야기다. 아무리 건강해도 우리는 지구를 벗어나서 살 수 없다. 내가 살고 있는 이 지구가 청정해야 한다. 바이오테크놀러지는 그 답을 준다. 더 이상 땅 속의 원유에 의존하지 않고 나무에서 플라스틱을 만들어낸다. 더 이상 식물에만 의존하지 않고 인공적으로 태양빛으로 광합성을 해서 식량을 만든다. 더 이상 휘발유로 차를 움직이지 않고 클로렐라의 바이오디젤로 버스를 움직인다. 마지막 5장은 미래의 기술이다. 인공장기, 인간복제, 인체동면 기술, 맞춤형 아기, 인간게놈 시대 모두 가까운 장래에 실현이 가능한 이야기들이다. 이런 기술들이 가져올 여파도 만만치 않다. 바이오테크놀러지는 양날의 검이다. 어떻게 쓸 것인가는 순전히 우리들의 선택에 달려있다.

　마지막으로 이 책은 나의 노력보다는 주위 사람들의 따뜻한 격려로 만들어졌다. 중요한 지면을 3년 동안 제공해준 중앙일보(선데이) 신문, 작가란 어떤 사람인가를 몸소 보여준 황은오 작가, 끊임없이 격려해 준 학교의 동료 교수들, 그리고 늘 역동적인 한국생물공학회 회원들의 지지가 그저 고마울 뿐이다. 출판계의 힘든 여건에도 흔쾌히 출판을 맡아준 디아스포라 손동민 대표에게 감사를 표한다. 무엇보다 늘 힘이 되어준 가족들은 나의 가장 큰 버팀목이다.

추천사

  김은기 교수는 일찍이 한국생물공학회 회장을 역임하였으며 현재 인하대학교 생물공학과 교수로 후학을 양성하고 있습니다. 그는 생물공학분야의 해박한 지식을 소유하고 있을뿐만 아니라 탤런트 기질을 많이 갖고 있습니다. 학술행사는 기본적으로 재미가 없으며 지루할 수 있지만 그럼에도 불구하고 김은기 교수가 행사를 진행하면 특유의 재주로 청중들을 좌지우지 하면서 성공적으로 수행하는 모습을 보았습니다. 그의 별명이 무보수의 명사회자이기도 합니다. 그런 재질을 갖고 있는 김교수가 고등학생부터 기업 CEO까지 일독할 수 있는 "손에 잡히는 바이오 토크" 제목의 책을 출간하였습니다. 이 책은 "자연과의 공존기술", "불로장생의 기술", "몸과의 공감기술", "지구 살리는 기술" 그리고 "미래 첨단기술"의 5장으로 구성되어 있습니다. 또한 각 소절마다 매우 흥미로운 주제들이 가득하여 독자가 새로운 영역을 경험하게 할 수 있을 것입니다. 매우 유익한 도서라 읽기를 추천합니다.

  우리 모두가 이미 언론매체를 통하여 알고 있듯이 21세기는 정보기술시대를 넘어 생물공학기술시대라고 합니다. 다행히 우리나라는 정보기술의 필수품인 반도체산업을 세계적인 기업으로 육성하여 자랑스러운 대한민국의 위상을 키워왔습니다. 더불어 지난 광복 70년 간 혼신의 노력으로 세계 경제 10

위권에 진입하였습니다. 그러나 선진국이 되면 우리 생활이 끝난 것이 아니고 이제 새롭게 시작해야 합니다. 그것은 정보기술사회 다음으로 전개되는 생물공학기술시대의 선두권 다툼에서 흥망성쇠가 좌우되기 때문입니다.

김은기 교수가 책속에서 다뤘듯이 구제역이 발생하면 나라 전체가 전쟁을 치루 듯이 위험을 경각하고, 그로 인한 경제적 손실도 엄청납니다. 금년 봄도 예외는 아니었습니다. 메르스 사태 때문에 온 나라가 긴장 속에 지냈으며 재산 손실 또한 천문학적이었다. 정부 추가 경정예산도 11조원 이상이었고 국가위 상도 흔들흔들 하였습니다.

1928년 영국 알렉산더 플레밍 교수는 실험실에서 항생제인 페니실린을 발견하여, 그것을 인류에 유용한 약으로 발전하는 데 공헌을 하였습니다. 플레밍 교수가 없었다면 우리들은 병마와 어떻게 싸웠을까하는 끔찍한 의문이 듭니다. 우리와 지형적으로 가까운 일본은 20년 동안의 불황을 극복하고 새로운 도약의 동력을 만들었다고 합니다. 그 이유는 모든 분야의 기초가 튼튼하기 때문에 가능하였다고 대기업 임원이 귓뜸을 해주었습니다. 생물공학 기술분야도 마찬가지로 그들은 새로운 창조경제를 위하여 이 분야에 총력을 기울이고 있다고 한다. 우리도 반도체산업처럼 바이오산업에 '올인'을 해봅시다. 20년 후의 먹거리가 바로 여기에 있습니다.

끝으로 김은기 교수의 "손에 잡히는 바이오 토크" 책을 통하여 생물공학에 대한 폭넓은 이해로 새로운 생물산업이 발전하는 데 큰 기폭제가 되길 바랍니다.

2015년 8월 28일
전남대 생물공학과 박돈희 교수

서평

한국의 미래 먹거리인 바이오테크놀러지가 궁금하다. IT시대의 뒤를 이어 한국을 받쳐줄 중요산업인 바이오산업은 아직 스마트폰처럼 손에 잡히지 않는다. 이 책은 어렵다고 생각되는 바이오테크놀러지 이야기를 손에 잡히게 해준다. 특히 진로를 고민하는 청소년에게 바이오산업이 구체적으로 어떤 분야이고 무슨 일을 하는지를 알게 해준다. 김은기 교수는 늘 이야기한다. 한국의 미래는 결국 그들의 손에 달려있다고. 이 책은 청소년과 일반인들이 아주 흥미롭게 읽을 수 있는 보기 드문 교양 입문서이다.   - 전남대 박돈희 교수

오늘 우리 인류가 당면하고 있는 질병 없는 건강한 삶, 건강한 먹거리, 깨끗한 환경과 에너지 이슈의 해결에 바이오테크놀로지는 큰 기여를 할 것으로 기대되고 있다. 바이오테크놀로지는 바이오경제 시대를 열고, 그리고 바이오

사회로 변화·발전시킬 것이다. 김은기 교수는 이러한 바이오테크놀로지를 쉽고 재미있게 설명하고 있다. 바이오테크놀로지가 일반인들의 손에 쉽게 잡힐 것이다.

    – 서울대 유영제 교수

'생명공학기술'이란 일반인에게는 아주 어렵게만 들리는 단어다. 이 책은 어려운 생명공학기술을 알기 쉽고 재미있는 읽을거리로 만들어 줄 뿐만 아니라, 읽다 보면 21세기를 왜 생명공학시대라고 부르는지 알게 한다.

    – 한국생명공학연구원장 오태광

이 책은 생명공학에 관심을 가지고 있는 일반인뿐만 아니라 고교생들에게도 아주 적절한 책이다. 우선 재미있다. 그리고 내용이 알차다. 깊은 지식을 쉽게 전해주는 것이 이 책의 매력이다. 흥미로운 이야기를 따라가다 보면 어느새 줄기세포, 인간복제, GMO, 인공장기 등이 금방 손에 잡힌다.

    – 한국 생물공학회장 홍억기 교수

목차

Biotechnology

Chapter 1
자연과의 공존기술

트로이로 들어가는 목마. 목마 속에 병사를 몰래 숨겨뒀다가 적이 긴장을 풀었을 때 행동에 들어갔듯이 기생 병원체도 트로이 목마와 비슷한 방식으로 인간의 뇌 속에 침투한다 (도메니코 티에폴로 작, 1773년, 이탈리아)

01

고양이 원충은 뇌종양·암·정복 신기술 '블랙박스'
생존 고수 기생 병원체

1992년 4월 8일. 당시 테니스 세계랭킹 1위인 미국의 아서 애시가 USA 투데이 신문에 놀라운 고백을 했다. 본인이 에이즈AIDS 환자란 것이다. 그는 테니스계의 그랜드슬램인 4개 세계대회(영국 윔블던·호주오픈·프랑스오픈·미국오픈) 우승을 달성한 최초의 흑인 선수였다. 그의 명성만큼 충격도 컸다. 수년 전 심장수술 당시 받은 수혈 때문에 감염됐다고 했다. 그의 사연은 당시 전 세계에 퍼지기 시작한 에이즈의 공포를 더했다.

이 사건보다 더 놀라운 일이 나중에 밝혀졌다. 그의 오른팔이 마비됐는데 그 원인이 충격적이었다. 조사 결과 뇌에서 '톡소플라스마toxoplasma' 란 기생 병원체가 발견됐다. 인간의 뇌에도 기생 병원체가 침입해 병을 일으킬 수 있다는 사실에 세계는 경악했다. 과학계가 지구인의 감염 여부를 확인했더니 세 명 중 한 명이 이 병원체에 감염된 사실이 새롭게 드러

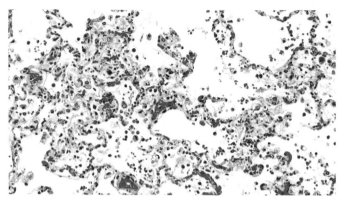

톡소플라스마

났다. 다행히도 건강한 정상인은 큰 문제없이 지낼 수 있다는 과학자들의 잠정 결론에 한시름 놓았다. 하지만 지난해 12월 미국의 '뇌·행동·면역' 잡지에 발표된 연구 결과는 우려스럽다. 60세 이상 노인의 경우 이 병원체로 인해 '단기 기억능력'이 절반이나 줄게 된다는 사실이 밝혀졌다.

인간은 로봇을 화성에 안착시키는 첨단기술을 개발할 정도로 우수한 생명체이다. 그 자부심의 핵심인 '뇌'에 기생 생물체가 침입해 버젓이 살고 있다니 당황스럽다. 하지만 머리카락 굵기의 50분의 1도 안 되는 이 기생 병원체는 수억 년을 살아남은 생존의 고수다. 단시간에 박멸하기란 쉽지 않다. 오히려 이 미물微物에게 배울 것이 있다. 최근 이 기생 병원체의 인체 침투기술을 이용해 암세포 치료에 성공한 사례가 보고됐다. 숙주와 기생 병원체, 둘 사이의 오랜 싸움에서도 얻을 게 있다.

총알개미 조종하는 '좀비' 곰팡이

93년 중국 베이징 육상대회에서 이변이 일어났다. 3,000m를 포함한 세 종목에서 무명의 중국 선수들이 세계신기록으로 금메달을 땄다. 중국 코치가 밝힌 비결은 동충하초冬蟲夏草였다. 이 사건으로 세상에 널리 소개된 동충하초는 중국 서부의 티베트 고원 깊숙한 산중에서 자라는 버섯이다. 중국 고대 문헌에도 기록된 이 버섯은 산삼·녹용과 함께 중국의 3대 보약으로 꼽힌다. 92세에 죽은 중국 정치인 덩샤오핑도 즐겨 먹던 비방이다. 동충하초는 이름 그대로 겨울엔 곤충이고 여름엔 약초, 즉 버섯으로 변한다. 버섯의 '청초한'이미지를 생각하던 사람이 이 녀석을 잘 들여다보면 기겁을 한다. 나방 애벌레의 사체에서 자라는 버섯이기 때문이다. 땅속에 살고 있는 나방 애벌레에 버섯 포자가 침입한다. 이후 서서히 애벌레를 죽이고 그 위로 버섯이 자란다. 이 정도의 잔인함은 야생野生이란 전쟁터에선 흔한 일이다. 이보다 더 무서운 존재는 다른 생물체의 뇌에 침입해 '좀비'로 만든 뒤 자기 부하처럼 부리는 녀석이 있다.

　동충하초의 사촌쯤 되는 '코르디셉스' 곰팡이는 총알개미에게 '죽음의 좀비'다. 얼마 전 TV 프로 '정글의 법칙'에서 개그맨 김병만이 총알개미에게 물려 고생한 적이 있다. 한번 물리면 총알처럼 아프다는 의미로 총알개미다. 이 녀석은 유난히 방어력이 강해 유사한 개미 종류 중 생존에 성공한 유일한 종種이다. 그런데 '뛰는 놈 위에 나는 놈'이 있다. 총알개미만을 공격하는 코르디셉스 곰팡이다. 이 곰팡이는 지나가는 총알개미에게 달라붙은 뒤 개미 뇌에 들어가 '칵테일'을 내뿜는다. 이 '칵테일'은 개미를 '맛이 가게' 만든다. 그래서 평소에 하지 않던 행동을 한다. 예컨대 일터로 나가는 길목의 나무에 올라가 나뭇가지를 '꽉' 물고 죽어버린다. 죽은 총알개미의 몸에서 서서히 한 가닥 대롱이 나온다. 이윽고 대롱에서 곰팡이 포자가 터지면서 나무 아래로 떨어진다. 그곳은 개미들이 지나다니는 길목이다. 더 많은 개미가 이 좀비 곰팡이 포자에 감염된다. 그렇다고 이 좀비 곰팡이가 개미를 모두 멸종시키진 않는다. '기생처'인 개미가 늘 일정 숫자를 유지하도록 배려한다. 반대로 개미는 나름대로 대비책을 갖고 있다. 곰팡이에 감염된 '좀비 개미'가 생기면 '경비 개미'들이 재빨리 이들을 물어 보금자리에서 멀리 내다버린다. 수억 년 동안 개미와 좀비 곰팡이는 이런 전쟁을 벌여 왔다. 싸우면서 배운다고 했듯이 이들은 서로 치고받으면서 상호 진화해 왔다. 이런 좀비 중에는 쥐도 '맛'이 가게 하는 무서운 녀석도 있다.

고양이 수염 당기는 원충 감염 쥐

'톰과 제리Tom and Jerry'는 앙숙 간인 고양이 톰과 쥐 제리가 나오는 미국 만화영화다. 47년 처음 제작된 후 아카데미상을 일곱 번이나 받았다. 톰을 골탕 먹이고 돌아다니는 제리. 만화 속에서 쥐는 고양이의 친한 친구처럼 겁이 없다. 하지만 야생에선 '천만의 말씀'이다. 고양이 오줌 냄새만 맡아도 쥐는 극도의 공포를 나타내면서 절절맨다. 이런 쥐가 고양이 원충(톡소플라스마)이란 일종의 좀비 기생충에 감염되면 '맛'이 간다. 그래서 고양이 앞에 용감히 나선다. 심지어 고양이 수염을 당기고 툭툭 건드린다. 이런 쥐는 고양이의 오줌 냄새를 맡는 뇌의 후각세포가 망가져 있다. 원인은 역시 쥐의 뇌에 침입한 고양이 원충이다. 덕분에 고양이는 '맛이 간 쥐'를 쉽게 잡아먹는다. '고양이 원충'은 다시 고양이 장腸 내로 들어와 수를 늘린다. 고양이의 배설물과 함께 밖으로 나온 고양이 원충은

'톰과 제리' 만화영화에서 그려지는 것과는 달리 쥐는 고양이의 오줌 냄새만 맡아도 겁에 질려 절절맨다. 뇌 침투 기생 병원체는 겁 많은 쥐를 '맛'이 가게 해 용감한 쥐로 바꿔놓는다.

쥐를 감염시키고 다시 쥐의 뇌 속으로 들어간다. 이런 사이클cycle은 계속 반복된다. 고양이와 좀비 고양이 원충은 이런 의미에서 '짝짜꿍'이 잘 맞는 커플이다. 이 커플에 놀아나는 녀석이 불쌍한 쥐인 셈이다. 이런 '찰떡 커플' 중에는 갈매기와 갈매기 원충도 있다. 이 커플의 희생양은 순진한 달팽이다.

프랑스 시인 자크 프레베르가 지은 '장례식에 가는 달팽이의 노래'란 시가 있다. 시인은 저녁 무렵 낙엽이 떨어진 숲을 기어가는 두 마리의 달팽이를 노래했다. 달팽이는 원래 축축한 숲 속의 낮은 곳을, 그것도 컴컴할 때 기어다닌다. 천적인 새들을 피하기 위해서다. 이런 달팽이가 갈매기 원충에 감염되면 '좀비'가 돼 정신이 나가버린다. 그래서 평생 절대 안 하던 짓을 한다. 대낮에 바위를 기어오르는 것이다. '날 잡아잡수' 하고 갈매기들에

22

게 광고를 하는 것과 다를 바 없는 행동이다. 달팽이가 잡아먹혀 갈매기의 창자로 되돌아온 갈매기 원충은 수를 늘린다. 이후 갈매기 배설물을 통해 숲에 떨어져 지나가던 달팽이를 감염시키고 다시 좀비 달팽이로 만든다. 이런 '좀비 스타일'의 기생생물은 쥐도 맛이 가게 했다. 포유동물인 쥐의 뇌에 침입할 정도라면 동물은, 아니 사람은 괜찮을까?

2012년 국내에서 애완용 고양이를 내다버리는 대소동이 벌어졌다. 고양이 기생 병원체인 톡소플라스마가 사람의 뇌에도 침입하며 임산부는 더욱 위험하다는 방송의 여파 때문이다. 다행히 정상 면역력을 가진 사람에게는 문제가 없다는 것이 알려져 고양이는 다시 집 안에서 평화롭게 지낸다. 문제는 몸이 약해진 경우다. 에이즈나 장기이식 등으로 면역력이 약해지면 톡소플라스마가 잠복 상태에서 껍질을 깨고 나와 병을 일으킨다. 일반인들은 덜 익힌 고기와 덜 씻은 채소를 통해 고양이 원충 알이 몸에 들어오지 않도록 늘 조심해야 한다.

기원전 12세기에 벌어진 트로이 전쟁에서 그리스 원정군은 트로이 성城을 공격하던 도중 목마를 남겨두고 퇴각한다. 전리품으로 생각해 끌고 들어간 목마 속에는 그리스 병사들이 숨어 있었다. 밤이 이슥해져 경비가 허술해지자 목마 속 병사들이 슬금슬금 기어나와 난공불락과 같던 트로이 성을 함락시킨다. 이렇게 몰래 상대방 속에 미리 병사를 심어놓고 때를 기다려 공격하는 방식을 '트로이 목마'라 부른다. 컴퓨터 바이러스에도 같은 이름Trojan Virus이 있다.

트로이 목마 방식으로 암치료 성공

고양이 원충도 트로이 목마처럼 인간의 뇌 속에 침투하는 것일까? 뇌는 외부 생물이 절대 들어갈 수 없는 성역聖域이다. 뇌혈관은 일반 혈관과는 달리 촘촘한 구조로 되어 있다. 또 물·영양분·일부 물질만이 통과할 수 있는 소위 '뇌-혈관 장벽'에 가로막혀 있다. 최근 연구 결과 고양이 원충들은 뇌혈관 장벽을 뛰어넘기 위해 인간의 백혈구를 이용하는 것으로 확인됐다. 백혈구는 우리 몸의 파수꾼이다. 몸에 상처가 나면 혈관 벽이 느슨해지면서 백혈구가 혈관 밖으로 빠져나가 각종 병원체와 '전투'를 벌인다. 바로 이 백혈구에 고양이 원충들이 트로이 목마처럼 들어가 있다가 뇌혈관으로 침투한다는 사실이 동물(쥐) 실험을 통해 확인됐다. 과학자들은 무릎을 쳤다. 이 방법을 잘 이용한다면 뇌혈관 장벽 때문에 뇌에 집어넣기 힘들었던 뇌종양 치료제도 뇌에 주입할 수 있기 때문이다.

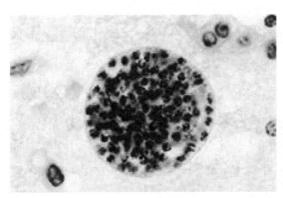

성역聖域인 뇌에 침투해 잠복 중인 톡소플라스마 (고양이 원충·적색). 에이즈·장기이식 등으로 면역력이 약해지면 병을 일으킨다.

고양이 원충은 암세포 치료를 연구하는 학자들에게도 중요한 단서를 제공했다. 암환자의 경우 암세포를 죽이는 '자연살해 세포NK cell'가 대부분 약해져 있다. 그런데 고양이 원충을 주사하면 자연살해 세포가 갑자기 강해진다. 원기를 얻은 자연살해 세포는 다시 암세포를 죽인다. 이런 현상에 착안한 과학자들이 새로운 암 치료제를 만들었다. 암환자에게 '짝퉁 원충'을 주사한 것이다. 원충 유전자 중에서 병을 일으키지 않는 DNA(유전자) 부분만 암환자에게 백신처럼 주입했더니 면역력이 높아져 암세포가 죽었다. 새로운 방식의 암 치료법이 개발된 것이다. 이 방식을 이용하면 암환자의 백혈구 세포를 꺼내 그 안에 고양이 원충의 DNA를 집어넣을 수 있다. 이 경우 개인 맞춤형 암 치료 세포가 되므로 면역 거부반응을 일으키지도 않는다. 몸에 침투하는 기생 병원체로 신체에 기생하는 암세포를 치료하는 이이제이以夷制夷(오랑캐로 오랑캐를 무찌른다는 뜻으로 한 세력을 이용하여 다른 세력을 제어함) 전략인 셈이다. 21세기 첨단 암치료 기술의 원천이 수억 년이나 지구에 살던 미물인 기생 생물체라니…. 이 미물에 절이라도 해야 할 판이다.

좀비 기생 원충의 인체 침투 전략을 응용해 암치료 기술을 개발한다.

"곤충을 바르게 판단하려면 그들의 일과 사회를 응시하라. 그리고 이해하라. …저급한 기관을 갖고도 위대한 일을 완성하는 그들을…." 프랑스의 곤충학자인 쥘 미슐레가 한 말이다. 곤충을 비롯한 수많은 생물체는 서로 치고받으며 진화해 왔다. '장군 멍군' 전략 속에서 숙주와 기생 생물체는 애증愛憎의 관계를 유지했다. 이들의 생존전략은 인간에게 미래 신기술의 보물창고인 셈이다.

02

●

'수퍼 확산자' 구제역이 에볼라보다 무서운 이유
동물계의 두창, 구제역

영화 '양들의 침묵'(1991)은 아카데미 5개 부문 수상의 범죄스릴러 영화다. 엽기적 연쇄살인범을 쫓는 미연방수사국FBI 요원은 교도소에 있는 또 다른 사이코 살인자인 정신과 의사에게 제안한다. 연쇄살인범에 대한 정보를 제공하면 '플럼 섬Plum Island'으로 휴가를 보내주겠다고 말이다. 그러자 사이코 정신과 의사인 한니발 렉터는 "탄저균 섬엔 왜 가느냐"며 제안을 일축한다. 도대체 플럼 섬은 어떤 곳이기에 FBI가 관리하고 또 세균전 무기인 탄저균은 무슨 말인가.

플럼은 미국 뉴욕의 롱아일랜드에서 2km 떨어진 섬이다. 여의도 면적만 한 이곳은 외부인 출입금지 구역이다. 이 섬에는 미국 정부 소속의 구제역 연구소가 있다. 미국에서 유일하게 구제역 바이러스 관련 실험을 할수 있는 곳이다. 외부와 완벽하게 격리되어야 할 만큼 구제역은 위험한

돼지를 밀집 사육하는 양돈장의 축사. 가축을 너무 비좁게 키우는 게 구제역 확산의 한 원인이다. 구제역 바이러스에 대한 면역력이 떨어지기 때문이다.

동물 바이러스다. 냉전 시대에는 세균전에 사용할 무기의 하나로 구제역 바이러스를 이곳에서 연구했다. 구제역 바이러스는 소·돼지 사이에서 쉽게 퍼져 하루 만에 발열發熱, 일주일 내에 50% 이상이 죽는 무서운 병원체다. 설령 살아남더라도 제대로 성장하지 못한다. 짧은 시간에 한 나라의 축산 기반을 통째로 흔들 수 있는 가장 효과적인 가축용 세균전 무기다. 세균전 무기인 탄저균도 만들었을거란 일부의 추측 때문에 플럼 섬은 '탄저균 섬'이란 누명을 썼다.

최근 충청·경기 지역의 구제역이 확산되고 있다. 2011년 331만 마리의 가축을 땅에 묻은 악몽이 재현될 수 있어 심히 우려스럽다. 구제역은 1980년대만 해도 낯선 병명이었지만 최근에는 자주 발생하고 있다. 동물계의 두창(천연두)에 해당하는 것이 구제역이다. 동물 바이러스의 폭풍 전야인가? 우리 가축들을 지킬 방안은 무엇인가?

영국 자동차 경주 딱 한 번 거른 원인

2011년 1월 충남 성환 소재 국립축산과학원에 비상이 걸렸다. 근처 농가에서 구제역이 발생한 것이다. 연구소 측은 즉시 연구소 건물과 소 · 돼지 사육장을 봉쇄했다. 연구소와 통하는 유일한 출입도로를 폐쇄하고 수천 마리의 가축과 함께 100여 명의 연구원도 자발적으로 외부와 자신을 격리했다. 먹는 음식은 완전 소독한 후 반입했다. 그렇게 100일을 버텨냈다.

당시 전국을 덮친 구제역으로 수백만 마리의 돼지가 묻히고 2조7000억원이 날아갔다. 경제 피해만이 문제가 아니었다. 충북 진천 지역 돼지 10마리 중 9마리가 사라져 양돈 산업 자체가 붕괴되는 상황이었다. 게다가 '구제역 청정국가'에서 '발생국가'로 분류돼 한국 내 모든 돼지고기 · 쇠고기의 해외 수출 길이 막혔다. 설상가상으로 돼지고기도 안 팔렸다. "익혀 먹기만 하면 된다"면서 장관까지 나와서 직접 고기를 구워 먹는 장면을 연출했지만 삼겹살 음식점은 썰렁하기만 했다. 가축이 죽어나가고 수출이 막히며 고기가 팔리지 않는 삼중고三重苦에 축산농민은 속이 시커멓게 타들어갔다. 이런 대재앙급의 구제역은 한국만의 문제가 아니었다.

영국 자동차 경주대회는 1958년 시작된 57년 전통의 국제대회다. 그러나 딱 한 번 이 경기가 취소됐다. 바로 구제역이 발생한 2001년이다. 영국에서 봄에 시작된 구제역은 2000개 농장으로 퍼졌으며 1000만 마리의 소 · 양 · 돼지가 희생됐다. 피해액만 12조원에 달했다. 축산 선진국인 영국에서도 대규모로 발생할 만큼 대단한 전파력(감염성)을 가진 것이 구제역 바이러스다.

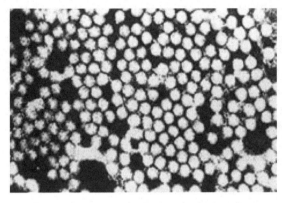

구제역 병원체 피코르나바
이러스picornavirus. 구제역
바이러스는 불안정한 RNA
바이러스의 일종이므로 그
만큼 변종變種이 잘 생긴다.
변종이 많을수록 백신의 예
방효과는 떨어진다.

구제역은 지구촌 전체에서 해마다 6조~21조원의 피해가 발생하는 범汎
세계적인 가축질병이다. 병명인 구제역口蹄疫·Foot-and-Mouth Disease은 입口
과 발굽蹄에 물집이 생기는 질병疫이란 의미다. 발굽이 두 개로 갈라진 돼
지·소·말 등 80여 종의 동물을 감염시키지만 사람은 안전하다. 처음 세
상에 보고된 1897년 이후 전 세계에서 간간이 발생했지만 2000년대 들
어 그 빈도가 늘어나기 시작했다. 국내에선 오랫동안 생소한 질병이었다.
그런데 왜 구제역이 활개를 치게 된 것일까. 구제역 발생은 밀집된 사육
환경, 높은 감염력, 빠르게 변하는 바이러스의 특성 탓이다.

사육평수 늘리는 '가축 웰빙'이 대안

70년대 지방 소도시에 살던 필자는 뒤뜰에 있던 돼지 다섯 마리에게
밥을 주는 일이 주요 일과였다. 동네 가정집에서 모아온 음식 찌꺼기에
쌀겨를 버무려 주었다. 같은 초등학교에 다녔던 여학생 집만 애써 피해
다닌 기억은 있지만 돼지가 병에 걸려 죽은 기억은 없다. 당시 양돈이 농

가의 소규모 부업 형태라면 지금은 대규모 기업형 농장 형태다. 10년 전에 비해 양돈농가의 수는 40%로 줄었지만 1만 마리 이상을 키우는 대규모 농장은 2.3배나 늘었다.

대규모 사육이 이뤄지면서 돼지 한 마리당 허용된 공간이 좁아졌고 이로 인해 돼지들의 면역력도 약해졌다. 감염 돼지 1마리가 2000마리를 감염시키는 것이 구제역 바이러스다. 이런 바이러스가 돼지들이 밀집한 한 농장을 순식간에 초토화시키는 것은 이미 예견된 일이었다. 밀집해 키우면 생산성은 높아지지만 그만큼 감염병에 취약해진다. 따라서 이젠 사육방식의 개선을 고민할 때다. 가축의 사육평수를 늘려 면역력을 높이자는 최근의 '가축 웰빙' 방안이 눈길을 끈다.

에볼라 바이러스는 우주복처럼 입고, 금고처럼 생긴 완전 밀폐된 실험실에서만 다룬다. 구제역도 마찬가지다. 미국·영국 등 축산선진국도 지정된 한 곳의 연구소에서만 구제역 바이러스 연구를 허용한다. 국내에도 농림축산식품부 산하인 농림축산검역본부 내 국제기준을 갖춘 구제역 연구실이 유일하게 허가·설치돼 있다. 에볼라의 치사율이 높다고 하지만 감염은 오직 신체나 배설물 접촉을 통해서만 가능하다. 이와 달리 구제역 바이러스는 감기처럼 공기를 타고 이동할 수 있다.

구제역 바이러스는 죽은 돼지에서도 나온다. 죽어서 호흡과 배설을 멈췄는데 어디서 바이러스가 나올까. 2011년 미국 로런스 리버모어 국립연구소는 피부 각질이 원인임을 밝혔다. 떨어져 나온 각질은 먼지 형태로 날아가 축사 곳곳에 퍼진다. 이곳을 다녀간 사람의 옷에 묻고 차량에 붙어 먼지처럼 퍼진다. 따라서 한번 구제역이 발생된 농장은 완전 차단하고 거리를 충분히 둬야 먼지를 타고 바이러스가 퍼지지 않는다. 문제는 국내에선 많은 돼지·소 농장이 도로 근처에 촘촘히 몰려 있다는 사실이다. 구제역 바이러스가 쉽게 퍼질 수 있는 환경이다. 잘 퍼질 수밖에 없는 국내 환경이라면 사전에 대비할 방법은 없는가. 예방백신을 접종해 미리 막을 수는 없을까.

필자는 해마다 독감(인플루엔자) 예방주사를 맞는다. 하지만 이맘때 가끔 독감에 약하게 걸려 고생한다. 독감 바이러스가 자주 자신의 모습을 변형시켜 독감 백신의 효과를 떨어뜨린 결과일 것으로 여겨진다. 독감이나 구제역 바이러스는 유전자의 종류가 DNA가 아니라 RNA다. 불안정한 RNA의 특성 때문에 변종變種이 수시로 생긴다. 현재까지 7종의 구제역 바이러스가 밝혀졌지만 같은 종種 내에서도 유전자 순서가 30%까지 다른 변종들이 존재한다. 만약 이 변종 구제역 바이러스가 돼지나 소의 몸에 침입하면 구제역 예방백신의 효율(효과)은 떨어지게 마련이다.

구제역 백신의 예방 효과가 절대 100%가 될 수 없다는 사실 외에도 구제역 백신을 놓으면 돼지 수출 재개 기간이 그만큼 늦춰진다는 문제가 있다. 이유는 백신을 맞은 돼지 속에 남은 '죽인 바이러스(백신)'와 실제 구제역을 일으킨 '살아 있는 구제역 바이러스'의 구분이 쉽지 않아서다. 또 어떤 돼지는 구제역 백신 때문에 바이러스가 성장하진 못하지만 바이러스 자체는 계속 몸에 지니는 이른바 '보균保菌'상태를 보인다. 따라서 백신을 접종하면 구제역이 사라진 후에도 일정 기간이 지나야 안심할 수 있는 '청정국가'가 될 수 있다. 정부가 가능한 한 백신을 쓰지 않고 구제역을 잡으려 하는 것은 그래서다.

보통은 구제역이 발생하면 먼저 해당 농장을 차단·격리하고 그 반경 500m의 가축을 살殺처분해서 백신 없이 버텨보려 한다. 그래도 확산이 계속되면 백신 사용이 불가피해진다. 구제역 백신도 접종 후 돼지 등의 몸에 항체抗體가 생기려면, 다시 말해 효과를 보려면 얼마간 시간이 걸린다. 따라서 어떤 시점에 얼마의 범위로 어떤 백신을 사용할 것인가가 구제역 백신 정책의 핵심이다. 예방을 넘어서 지구상에서 구제역을 아예 없애버리는 방안은 없을까.

농부도 쉽게 다룰 진단 키트 개발 중

2001년 2월 19일 영국 정부에 급보가 날아왔다. 런던 근교의 한 도축장에서 발굽에 수포가 있는 돼지가 발견됐다는 것이다. 돼지 공급 농장을 역逆추적해 보니 도축장에서 500km 떨어진 '번사이드'농장이었다. 해당 농장은 구제역에 모두 감염된 상태였다. 발병 시기는 이미 3주 전이었다. 영국의 가축 방역당국은 발생 농장을 격리·차단하고 살처분을 시작했다. 하지만 구제역은 이미 가축·사람·차량을 타고 도로를 통해 3주 동안 영국 전역으로 번지고 있었다. 엄청난 피해를 부른 2001년 영국의 구제역 파동은 초기 대응에 3주나 걸린 것이 가장 큰 원인이었다. 이처럼 초기대응이 구제역 해결의 열쇠다.

최근 연구 결과에 따르면 구제역·조류 인플루엔자AI·에볼라 등 모든 고高감염성·고위험성 감염병의 확산을 막는 가장 확실한 방법은 바이러스를 최대한 빨리 검출해 신속하게 대응하는 것이다. 구제역의 경우 입·다리에 수포가 생기는 실제 증상을 보고 가축의 격리를 시작하면 너무 늦

구제역 대처에 성과를 거두려면 바이러스를 초기 검출해 조기 대응해야 한다. 축산 농가에서 쉽게 사용할 수 있는 진단 키트의 개발과 보급이 중요한 이유다.

다. 증상이 나타나기 전에 구제역 바이러스는 이미 외부로 퍼져 나오기 시작해 다른 돼지들을 감염시키기 때문이다. 따라서 최대한 일찍 바이러스를 검출한다면 퍼지기 전에 가장 효과적으로 대응할 수 있다. 구제역 조기 발견의 핵심 기술은 현장에서 농부도 쉽게 사용할 수 있는 진단 키트kit다. 바이오 나노 칩bio nanochip은 손톱만 한 칩에 가축의 피 한 방울만 묻히면 구제역 바이러스 여부를 수분 안에 검사할 수 있는 도구다. 농림축산검역본부도 2011년부터 구제역 진단 바이오칩을 개발하고 있다. 여기에 스마트폰이 결합되면 금상첨화다.

『바이러스 폭풍』의 저자인 미국의 바이러스 학자 네이선 울프는 "지금은 바이러스 폭풍viral storm이 올 완벽한 조건이 갖춰졌다"고 기술했다. 구제역이야말로 전 세계를 무대로 활동하는 가축 바이러스다. 항공기 승객 모두가 바이러스를 하루 만에 지구 반대편으로 옮길 수 있는 '수퍼 확산자'다. 또 먼 나라의 가축 부산물도 사료로 수입해서 쓰는 지구촌村에 살고 있다. 전 세계적인 공동 대응 없이는 어느 나라도 안심할 수 없다. 구제역은 동물계의 두창과 같다. 과학기술의 발달로 인류가 박멸시킨 두창처럼 구제역도 지구상에서 완전히 없앨 수 있다.

03

에볼라 확산은 밀림 파괴와 밀렵에 대한 '보복'
바이러스와의 전쟁

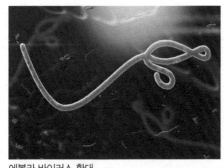
에볼라 바이러스 확대

중국의 마술 변검變臉은 짧은 시간에 빰臉, 즉 얼굴이 변하는 고난도 기술이다. 그 중 한 방법은 여러 겹의 얇은 가면을 미리 쓰고 있다가 '획획'한 겹씩 벗겨내는 기술로 '와!'하는 감탄사가 절로 나온다. 변검의 최고봉 기술은 얼굴의 색을 감정 조절로 변화시키는 방법이다. 기술이 어려워 제대로 할 수 있는 사람이 거의 없다.

1995년에 개봉된 오천명 감독의 중국영화 '변검'을 보면서 지구상에서 가장 변검을 잘 할 수 있는 생물체는 무엇일까 하는 '직업 정신'이 발동됐다.

　최근 서부 아프리카에서 발생해 전 세계를 공포에 떨게 하는 에볼라 바이러스가 변화의 천재가 아닐까? 문제는 중국 마술처럼 '와!'하는 탄성 대신 '싸'한 두려움이 앞선다는 점이다. 에볼라 바이러스는 스스로 '변해' 한국을 감염시킬 수도 있을까? 나는 평소 뭘 해야 하나?

미국, 생물학전 대비해 치료제 개발

　2014년 8월 2일, 서아프리카를 출발해 미국 애틀랜타 공항에 도착한 전세기에서 두 명의 미국인이 후송되는 장면이 마치 SF영화처럼 생중계됐다. 철저한 보호 장비 속의 에볼라 감염 환자는 곧 바로 대학병원으로 이송됐다. 다행히 치료주사를 맞고 기적적으로 회생했다. 치사율이 90%에 달하는 에볼라 바이러스를 미국 본토에 들여오는 위험을 무릅쓰고, 거액을 들여 두 미국인을 사지死地에서 데려와 살린 오바마 정부의 용단이었다. 이는 미국인에게 성조기에 대한 자부심을, 다른 지구인에게는 에볼라 공포에 대한 안도감을 주었다. 치료제로 사용된 'ZMapp'주사에 대한 관심이 집중됐다.

　한 가지 이상한 점이 있었다. 미국인이 후송되기 전까진 공식적으로 에볼라 치료제가 없었다. 에볼라 발병 5개월 동안 1847명이 감염, 1002명이 숨질 때까지 현지 아프리카 환자들이 받은 치료는

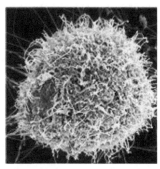

에볼라 바이러스의 전자현미경 사진. 감염된 동물세포(노란색)에서 밖으로 나오는 에볼라 바이러스(청색)

탈수방지 수액제(링거액)가 전부였다. 지금껏 치료 · 예방약이 안 나온 이유로 거론되는 것들이 몇 가지 있다. 일단 바이러스가 너무 위험해서 다루기 힘들고 감염경로를 모르며 멀리 떨어진 아프리카에서 발병해 바이러스 샘플 채취가 어렵기 때문이라고 했다. 하지만 미국은 그동안 치료제를 거의 만들어 놓고 있었다. 동물을 대상으로 한 효능 판정 연구가 끝난 'ZMapp'은 에볼라 바이러스를 쥐에 주사한 뒤, 쥐의 혈액 속에 형성된 면역방어물질인 항체antibody를 천연물과 혼합한 약이다.

미국은 왜 이 약을 만들고 있었을까? 에볼라는 돈이 되는 병이 아니다. 작년까지만 해도 이 바이러스는 치사율은 높지만 그 지역 주민만 희생시키고 전 세계로 퍼지지 않았기 때문이다. 지금까지 몇 년에 한 번씩 가끔, 그것도 가장 가난한 나라에서만 발생했다. 사망자수도 40년 간 1000명이 넘지 않았다. 그런데도 미국이 에볼라 치료제 개발에 나선 것은 생물학무기 치료제로 사용하기 위해서였다. 적국이 생물학전 무기로 에볼라 바이러스를 사용하려면 높은 치사율도 필요하지만 빠르게 전파돼야 한다는 것이 더 중요하다. 에볼라 바이러스가 '에어로졸', 즉 안개 형태의 미세 물방울로 퍼질 수 있어야 한다는 얘기다.

서西아프리카에서 유행 중인 에볼라 바이러스가 환자를 직접 접촉한 경우에만 옮겨진다고 해서 100% 안심할 순 없다. 실제로 에볼라에 감염된 돼지와 직접 접촉이 안 되는 곳에 격리됐던 원숭이가 감염됐다는 연구 Scientific Report(2012년) 결과는 안개 형태의 에어로졸로 에볼라가 옮겨질 수 있는 가능성을 보여줬다. 독감을 일으키는 인플루엔자 바이러스는 바이러스의 '외피'를 벗어던지고 알맹이인 유전자RNA만을 민들레 씨앗처럼 공중으로 날려 보내는 '공기 부양' 능력을 갖고 있다. 에볼라 바이러스는 '공기 부양'까지는 아니지만 미세 방울 형태라면 어느 정도 이동이 가능하다. 비행기 내에서 에볼라 환자가 기침으로 바이러스를 내뿜는다고 가정해 보자. 인플루엔자처럼 전체 항공기 내로 에볼라 바이러스가 퍼지진 않지만 기침 속의 미세 침방울이 닿는 근처 승객은 위험해질 수 있다. 모든 바이러스는 살아남기 위해 변화하고 진화한다. 에볼라 바이러스가 인플루엔자 바이러스처럼 공기 속에서 오래 머물 수 있도록 진화할 가능성은 없는가?

과일박쥐 · 원숭이 · 곤충 등 숙주 의심

영화 '변검'에선 마술사인 주인공 할아버지를 따라 다니는 여자 아이가 나온다. 아이는 변검 마술을 배우고 싶어하지만 여자가 마술사가 되는 것이 못마땅한 할아버지는 그 비법을 알려주지 않는다. 어느 날 고아는 마술사 몰래 비법이 담긴 '통'을 찾아 나서고 드디어 나무상자에 든 수십 장의 가면종이를 발견한다. 얼굴을 순식간에 변하게 하는 마법의 '통'을 발견한 것이다.

바이러스 학자들도 여자 아이처럼 '통'을 찾아 헤맨다. 이들에게 '통'은 야생동물이다. 2003년 세계를 휘저은 사스SARS(중증 급성 호흡기증후군) 바이러스의 '통'은 중국 광둥성의 요릿집에 있었다. 사향고양이와 뱀으로 만드는 '용호봉황탕龍虎鳳皇湯'은 중국 광둥성의 명물요리다. 재료로 사용된 야생동물인 사향고양이에 숨어있던 사스 바이러스가 요리사를 감염시키면서 이 병은 전 세계로 확산됐다. 이처럼 야생동물은 바이러스의

'통'이자 시작점이다. 그래서 바이러스 학자들은 바이러스가 자연에서 자신의 '몸'을 의탁하고 있는 동물, 즉 바이러스들이 기생하는 숙주(宿主)를 찾는 데 주력한다. 그래야 전파경로를 알 수 있고 병의 확산을 차단할 수 있기 때문이다.

1976년 아프리카 자이레(현재 콩고 민주공화국)와 남수단에서 602명 감염, 431명 사망이란 사상 최고의 치사율로 세상에 첫 선을 보인 에볼라 바이러스의 숙주는 어떤 동물일까? 바이러스 과학자들은 에볼라 발생지역인 밀림을 샅샅이 뒤졌다. 지난 20년 간 3만 마리에 달하는 포유류 · 조류 · 양서류 · 곤충을 조사했다. 과일박쥐가 주범일 거라고 하지만 원숭이 · 곤충 · 새일 가능성도 아직 남아 있다. 바이러스에게 '통', 즉 야생동물은 후손을 보존하는 안전한 공간이지만 변종變種을 만드는 장소이기도 하다.

바이러스에겐 '유토피아'인 인간의 몸

'살아서 퍼뜨려라.' 모든 생물의 DNA(유전자)에 프린팅(입력)된 이 사명을 위해 바이러스는 숙주 안에서만 머물지 않고 종종 바깥출입을 한다.

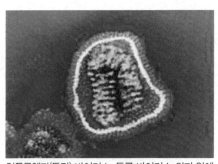

인플루엔자(독감) 바이러스. 둥근 바이러스 외피 안에서 변이가 잘 되는 RNA 유전자가 보인다.

외출할 때는 그동안 숙주 안에서 길러온 수많은 변종을 데리고 나간다. 다양한 변종이 많을수록 자신을 위협하는 적을 공격하기가 유리하기 때문이다. 변종을 특히 잘 만드는 바이러스는 RNA를 유전자로 가진 바이러스들이다. 인플루엔자(독감) · 사스 · 에이즈AIDS · 에볼라 등 악명 높은 바이러스들은 하나 같이 RNA 바이러스 '가문'에 속한다. 사촌인 DNA 바이러스에 비해 불안정한 RNA 탓에 별별 녀석들이 다 발생한다. 이로 인해 작년에 잘 들던 독감 예방주사가 올해의 변종 바이러스엔 효능이 거의 없는 경우가 종종 생긴다. 이에 따라 독감 예방주사를 맞은 사람들이 다시 독감에 걸려 고생하게 된다. 야생오리에서 살던 바이러스와 닭에 감염된 바이러스가 돼지 몸에서 만나 유전자가 서로 섞이면 문제가 훨씬 심각해진다. 그 후 돼지와 접촉한 인간을 감염시키는 '생전 처음 보는 변종'이 생기면 그야말로 큰일이다. 18세기 유럽을 휩쓴 두창(천연두) 같은 대재앙이 재현될 수 있다.

바이러스의 입장에서 보면 인간은 새로운 적敵이다. 인간보다 훨씬 오래 전부터 바이러스는 지구상에서 자리잡고 살면서 동 · 식물 숙주 속에서 평화로운 나날을 보내고 있었다. 그러던 어느 날 두 발로 걸어 다니는 '인간'이란 새로운 동물이 나타났다. 인간이란 새로운 종種을 유심히 관찰하던 바이러스들이 '가문家門회의'를 열었다. 여기서 내린 결론은 인간이 바이러스인 자신들의 생존에 있어서 인간은 최고의 '유토피아Utopia(이상사회)'란 것이다.

인간들은 일부러 밀림까지 들어와서 야생동물을 사냥하기 시작했다. 이로 인해 바이러스와 접촉할 기회가 많아졌다. 인간들이 모여서 살기 시작한 것도 바이러스에겐 호사好事였다. 인간을 한꺼번에 감염시켜서 바이러스 자신의 후손들을 널리 퍼뜨릴 수 있게 됐기 때문이다. 인간이 가축을 기르기 시작했다는 것도 바이러스들이 '환호'할 만한 일이었다. 가축은 바이러스가 인간과 접촉하게 하는 가장 훌륭한 중간 매개체이기 때문이다. 게다가 인간은 바이러스에 감염된 야생동물을 데려다가 집에서 기르기까지 했다.

바이러스들의 '가축 이용 작전'은 대성공이었다. 소와 잘 소통하는 두창 바이러스를 인간에게 감염시킨 것이 단적인 예다. 인플루엔자(독감 바이러스)는 조류·말·돼지 등 동물 세상에 두루 퍼져있다. 이런 동물과 수시로 접촉하는 인간을 감염시키기란 '식은 죽 먹기'나 다름없다. 게다가 세계가 하루권이다. 두창·에이즈·사스·아시아 독감, 그리고 이번 에볼라까지 인간은 바이러스에게 연타를 맞고 있다. 과연 이 전쟁에서 인간은 승리할 수 있을까?

현재 기술 수준으로 볼 때 에볼라 예방백신과 항체 치료제는 몇 개월이면 만들 수 있다. 이런 면에서 인류는 바이러스와의 전쟁에서 한 수 위인 것처럼 보인다. 게다가 두창을 완전 박멸한 화려한 경력도 있다. 하지만 아직 안심하긴 이르다. 아프리카에서 발원한 미지의 바이러스가 인간에게 전달되는 경로엔 늘 야생동물이 있다. 밀림 개발로 이 야생동물들이 사는 곳이 줄어들고, 밀렵으로 야생동물의 수가 감소하면서 여기에 살고 있던 바이러스들이 새로운 살 곳을 찾아 나서고 있다. 새 주인이 닭·돼지 등 가축일 수도 있고, 사람일 수도 있다.

외출 후엔 손·얼굴 비누로 씻어야

오랫동안 바이러스를 추적해온 미국의 바이러스 학자 네이선 울프 같은 과학자들은 이런 징후가 늘고 있음을 우려한다. 바이러스가 살고 있던 지역을 인간이 침범하면서 이들과 부딪치는 상황이란다. 인류는 이 상황을 이해하고 '역풍'에 대비해야 한다. 필자의 대학 식당엔 작년에 조류 인플루엔자AI가 유행할 때 사용했던 손 소독 통이 아직 그대로 있다. 당시 수시로 사용하던 그 통을 올 들어 쓴 기억이 없다. 바이러스에 관심이 있는 필자도 기본 위생습관이 엉망이다.

지금 당장 에볼라가 한국에 상륙할 확률은 높지 않고, 환자가 발견되더라도 격리 후 치료한다면 퍼질 염려도 거의 없다. 이보다는 해마다 에볼라보다 더 많은 사상자를 내고 있는 인플루엔자에 노약자나 어린이는 특히 조심해야 한다. 사람이 여럿 모인 곳에 다녀오면 손·얼굴 등 노출된 곳은 반드시 비누로 씻어 혹시 붙어있을지도 모르는 바이러스를 제거하는 것이 중요하다. 감염병 위험지역을 여행할 때는 해당 감염병에 대한 예방주사를 맞고 깨끗한 음식, 물을 찾아 마시는 것은 기본이다. 노벨 생리·의학상 수상자인 미국의 조수아 레티버그는 "인류가 지구에서 살아남는 데 있어 가장 위험한 적은 바이러스"라고 지적했다. 하지만 바이러스를 정확히 알고 인류의 약점을 파악해 잘 대비한다면 바이러스가 백번 공격해도 지구상의 인류는 위태롭지 않을 것이다. 지피지기 백전불태知彼知己, 百戰不殆인 것이다.

지피지기 백전불태
(知彼知己, 百戰不殆)

바이러스를 잘 알고 미리 준비하는 것이 중요하다.

04
●

몽골군, 인류 첫 세균전 … 흑사병 시신 투척해 성 함락
빈자의 '핵무기' 세균

2015년 코리안시리즈 결승전이 한창인 야구 경기장. 6회 만루 홈런 뒤 축하 폭죽에 3만 관중은 환호성을 질렀다. 9회까지 팽팽한 경기 중계에 정신이 없던 장내 아나운서는 아까부터 책상 위에 놓여 있었던 편지 봉투에 손이 간다.

"아까 폭죽과 함께 공중에서 날렸던 탄저균 가루야. 행운을 빌어!"

동시에 봉투에선 흰 가루가 쏟아져 내린다. 기겁을 한 장내 아나운서는 순간 망설인다. 이게 진짜인가? 이제 곧 경기가 끝나는데 문을 폐쇄해 감염병의 전파를 막아야 하나? 아니면 긴급 대피하라고 해야 하나? 망설임 끝에 우선 급한 대로 경찰에 연락을 한다. 앵앵거리는 경찰차의 모습에 군중들이 웅성거리기 시작한다. 누군가 "탄저균!"이란 외침에 놀란 사람들이 좁은 계단으로 동시에 몰리면서 수십 명의 사망자가 발생한다.

편지 봉투 하나로 수십 명을 힘 안 들이고 살상한 테러리스트는 유유히 현장을 빠져나간다. 그 후 경찰의 확인결과 흰 가루는 탄저균이 아닌 밀가루였다.

물론 상상 속의 시나리오다. 하지만 실제로

14세기 유럽, 벨기에 토리네이시市의 흑사병 대유행 장면. (디아스포라박물관)

이런 일이 벌어진다면 장내 아나운서나 달려온 경찰은 어떻게 대응해야 하는지 알고 있을까? '탄저균'이란 말은 들어봤는데 이 경우 즉시 도망가야 하는지 아니면 입을 손수건으로 가리고 기다려야 하는지를 아는 사람이 몇 명이나 될까?

1991년 이스라엘·이라크 간의 걸프전 당시 39발 미사일이 이스라엘 텔아비브 근방으로 향했다. 그중엔 불발된 미사일도 있어서 미사일로 인한 실제 사망자는 2명에 그쳤다. 그러나 실제 병원에서 치료를 받은 사람은 1000명이 넘었다. 화학무기 공격이란 소문과 공포심 때문에 개인용 치료제인 아트로핀 주사를 과다하게 사용해 그 부작용으로 입원한 환자가 대부분이었다. 비교적 전쟁에 대비가 잘된 이스라엘 국민도 모르는 것에 대한 공포나 소문에 의한 사고·손실이 실제 타격보다 더 크다는 것을 보여준 단적인 사례다.

대한민국을 큰 슬픔과 허탈에 빠지게 한 세월호 참사도 비상상황에서 어떤 일을, 어떤 순서로 해야 하는지 모르는 '훈련되지 않은' 관계자들로 인해 발생했다. 탄저균 같은 세균전 테러는 해당 도시 인구 전체를 극심한 공포와 혼란으로 몰아넣는 국가적 초비상 사태다. 세균진 테러는 우리에게 닥칠 수 있는 일이다. 탄저균이 실제로 위험한지 아니면 미리 겁먹을 필요가 없는 것인지 바로 알아야 야구장 관객처럼 무조건 뛰쳐나가지 않는다. '알아야 산다'. 이 구호는 필자가 화생방 장교로 훈련을 받던 한 육군부대의 구호이기도 하다.

화생방 교육부대 구호 '알아야 산다'

1347년, 흑해 연안의 카파 성을 공격하던 몽골 병사가 투석기를 이용, 흑사병으로 숨진 시신을 성 안으로 던졌다. 인류 최초의 세균전, 더 정확하겐 '생물학전Biological Warfare'의 시초다. 페스트균에 의한 흑사병은 발병 6년 새 당시 유럽 인구의 3분의 1을 숨지게 했다. 총 한 방 쏘지 않고 수억 명을 죽인 페스트균은 엄청난 살상력을 가진 세균전 무기가 될 수 있다. 실제로 병원균을 전쟁무기로 사용하려는 시도는 2차 세계대전까지 계속됐다. 1940년 10월 9일 만주에 주둔한 일본군 731부대 시리이시 의무대장은 페스트균과 이

철저한 대비훈련으로 세균테러에 대응해야 한다.

세균에 감염된 벼룩을 비행기로 중국 닝포 지역에 살포했다. 살포 후 한 달 새, 99명이 흑사병으로 사망했다. 731부대는 인간 실험대상인 '마루타' 3000명을 희생시키며 세균전을 준비했다. 전

일본 731부대의 세균전 무기 실험 장면.

대미문의 이 잔인한 기록은 당사자 무無처벌, 일본 천황제 유지 등의 조건으로 승전국인 미국에 넘어갔다.

동서 간 냉전이 종료돼 지구촌에 전쟁 위협이 줄어든 1979년 4월. 소련 모스크바 동쪽에 위치한 인구 100만 명의 도시 예카테린부르크 지역에 의문의 질병이 발생했다. 고열과 호흡장애로 94명이 감염됐고 그중 68명이 숨졌다. 소련 KGB(비밀경찰)는 이 사건을 식중독 사고로 은폐해 발표했다. 하지만 국제적인 압력에 굴복, 소련은 미국 합동조사팀의 역학조사를 허용했다. 식중독 사고였다던 사망 사건의 실체는 도시 주변 지역

제품 식품산업에 널리 사용되는 균菌 배양탱크 fermenter의 단순한 내부 모습.

에 있던 군사기지에서 극소량인 수 mg의 탄저균이 미세 안개(에어로졸) 형태로 누출된 사고였다. 1992년 러시아 대통령 옐친은 이 사고 당시 이미 6만 명의 연구원이 두창(천연두) 바이러스·페스트균 등을 개발해

2001년 미국의 상원의원 톰 대슐에게 소달된 탄저균 편지봉투. 이 봉투로 인해 2명의 우체국 직원이 숨졌다.

미국을 목표로 하는 대륙간 탄도 미사일에 장착했음을 고백했다. 미국으로선 핵무기만큼이나 섬뜩한 내용이었다. 엘친이 고백한 6만 명의 연구원들은 소련연방 붕괴 후 지금은 어디로 갔을까? 그들이 보유했던 기술은 '은밀한 무기'인 세균전 무기를 갖고 싶어 하는 국가나 테러단체엔 달콤한 유혹이다. 육군화생방교육부대의 구호인 '알아야 산다'의 '알아야' 하는 것 중엔 상대방 무기, 공격 방법이 포함된다. 북한은 이미 50년 전부터 세균무기 보유의 필요성을 천명해왔다. 하지만 현재 북한의 실상과 능력을 잘 모르고 있다는 것이 우리를 두렵게 한다. 세균전에 사용되는 무기의 종류는 무엇이고 얼마나 위험한 것인가?

AI 돌연변이는 사람 목숨도 위협

1990년대 초, 필자의 지인이 국가안전기획부에 불려갔다. 지인은 효모를 키워서 술을 만드는 스테인리스 통, 즉 '배양기fermenter'라고 부르는 산업용 발효기계를 만드는 중소기업 사장이다. 중국에 5t 짜리 배양기를 수출했던 것이 불려간 이유였다. 이 크기라면 탄저균 분말 5kg 정도는 쉽게 만들 수 있어, 당시 공산주의 국가인 중국의 누구에게 팔았는지를 안기부가 꼬치꼬치 확인한 것이다. 이처럼 '세균전 무기'인 병원균을 대량으로 키우는 기술은 생각보다 간단해서 대학생 정도라도 실현 가능하다. 단지 세균전에 쓸 수 있는 'A급 위험성 병원균'을 구하는 것이 관건이다.

현재 A급 세균전 무기로 두창 · 페스트 · 탄저균 · 보툴리눔 독소 · 야토병野兎病 · 바이러스성 출혈열 등 6종이 있다. 두창 · 페스트균 같은 감염성 병원균과는 달리 탄저균은 사람 간에 직접 감염이 되지 않고 개인이 흡입할 경우만 감염된다. 하지만 탄저균은 제조 · 보관 · 운반 · 사용이 쉬워서 편지 봉투로도 테러가 가능하다. 탄저균은 그런 의미에서 자금이 부족한 테러집단이 침을 흘리는 첫 번째 무기다. 세균무기는 살포 기술이 치사율을 결정한다. 밀가루 형태보다는 '에프킬러' 같은 안개형태로 만들어 살포하면 치사율이 급증한다. 유엔 보고서에 의하면 1kg의 사린가스는 사방 0.1km 내의 인구 50%를 사망시키지만 같은 무게의 탄저균은 그보다 1600배 넓은 사방 4km 내의 25~50%를 감염 · 사망시킨다. 비용도 화학무기 · 핵무기 · 재래식 무기의1000분의 1 수준에 그친다.

얼마 전 북한발發로 추정되는 무인기가 서울 상공을 날아다녔다. 1kg의 탄저균을 농약 뿌리듯 살포하는 것이 불가능하진 않다. 저비용 · 고치사율의 세균(생물)무기의 가장 두려운 점은 이것을 개량해 초강력 돌연변이로 만들 수 있다는 점이다. 첨단과학이 가장 잔인한 병원균을 만드는 데 쓰이는 아이러니다.

2012년 저명학술지인 『미국 내과 학회지』에는 조류 인플루엔자AI 바이러스의 돌연변이를 만들어서 인간을 포함한 다른 포유류에게도 쉽게 감염시키는 방법이 소개됐다. AI는 원래 사람에게 쉽게 감염이 안 되지만 일단 감염 시 60%의 사망률을 보이는 고위험 바이러스다. 이 돌연변이 제조방법이 공개되면서 찬반이 팽팽하게 맞섰다.

"왜 이런 위험한 변종을 만드느냐, 테러집단이 따라 하면 어떻게 하려고…"라는 반대파와 "이런 변종이 생기면 인간에게 감염이 되는지 연구하고 또 이런 변종의 감염이 현실화됐을 때 어떻게 대처해야 하는가 알아야 할 것 아니냐"는 찬성파로 나뉘었다. 결국 실험은 안전한 곳에서 하고, 만드는 방법은 최소한만 공개하는 선으로 마무리됐다. 현재 생명공학 기술로 AI의 유전자를 변형시키는 것은 그리 어려운 일이 아니다.

다른 하나의 큰 위협은 테러집단의 연구자들이 항생제의 약발이 듣지 않는 돌연변이 균을 만드는 것이다. 탄저균에 항생제가 듣지 않도록 유전자 변형을 한다면 감염된 환자를 치료할 방법이 없어진다. 물론 세계도 이런 위험한 연구에 대비해 병원성 균의 특허와 연구는 비공개를 원칙으로 하고 있다. 또 병원성 균을 쉽게 구하지 못하도록 하는 장치도 만들었다. 하지만 "지키는 사람이 열 명 있어도 도둑 한 명 못 잡는다"는 말이 있다. 은밀하게 진행되는 테러집단의 작업을 다 감시할 방법은 없다. 우리는 대비하고 있어야 한다. 세균전 전문 연구자인 연세대학 성백린 교수는 유사시를 대비한 국가 차원의 예방 백신과 치료제의 사전 비축·사전훈련의 필요성을 강조한다.

세균 테러 대비책, 감염병 예방과 같아

1976년 콩고 느예리 지방에 에볼라 바이러스가 발생, 550명 환자 중 430명이 사망했다. 이때 현장에 의료진보다 먼저 출동한 것은 놀랍게도 군인이었다. 도망가려는 환자를 막아선 것이었다. 사람과 사람 간 접촉에 의해 전파되는 에볼라 바이러스가 그나마 더 이상 확대되지 않은 것은 이런 신속한 격리조치를 포함한 대비책 덕분이었다. 세균 테러의 대비책은 근본적으로 감염병 예방법과 같다. 누군가가 고의로 살포된 정황이 있으면 선격리·후조치가 기본이다. 이런 기본적인 내용을 교육받지 못하고 이해하지 못하면 영화 『감기』(2013)에서처럼 무조건 탈출하는 위기상황이 발생한다.

필자가 머물던 미국 대학에선 한 달에 한번 긴급대피 훈련을 했다. 비상벨이 울리면 연구원·환경미화원 할 것 없이 모두 그 상태에서 재빨리 밖으로 나갔다. 이런 상황에서 제일 늦게 나간 그룹은 늘 나를 포함한 한국 학생·연구자들이었다. 늘 모든 것을 빨리빨리 서두르던 우리 국민이 대피훈련엔 왜 느긋했을까? 훈련·대비를 평소 소홀히 했기 때문이다. 세월호 참사에서 희생된 아이들은 한국 사회에 큰 경종을 울렸다. 이들이 목숨으로 가르쳐 준 교훈을 잊지 말고 세균전 테러에 대비해야 한다. 알아야 산다.

05

'내시 모기'가 모기 박멸 특효 … 생태계 망칠까 누칩 멈칫
병 주고 약 주는 인류의 적

　세상에서 사람을 가장 많이 죽이는 동물은 무엇일까? 우선 떠오르는 동물은 악어와 독사다. 하지만 이들보다 훨씬 많이 사람 목숨을 뺏는 동물은 아이러니하게도 사람이다. 사람보다 더 위험한 놈이 있다. 모기다. 세상을 떠들썩하게 했던 사스SARS(중증 급성 호흡기 증후군) 바이러스 사망자가 전 세계적으로 1000명 미만인 것에 비하면 말라리아·황열·뎅기열 등 모기가 옮기는 병으로 숨지는 사람은 매년 70만 명 이상이다.

　우주선으로 사람을 달나라에 보내는 일은 놀랄 뉴스도 아닌 최첨단 과학시대다. 그런 인간이 체중이 2mg에 불과한 모기에게 당하고만 있다는 것이 우스운 일이지만 쉽게 풀지 못하는 인류의 숙제다. 미국의 IT 사업가 빌 게이츠가 20억 달러의 기부금을 제공, 모기로 인한 말라리아 퇴치를 공언한 이유이기도 하다. '모기 보고 칼 뺀다'는 속담처럼 모기에게 인간이 큰 칼을 빼 든 셈이다.

과연 성공할 수 있을까? 모기가 옮기는 뎅기열로 인해 필리핀에서 200명 이상이 숨지고 해외여행 도중 뎅기열에 감염된 한국인이 두 배로 급증했다는 뉴스도 나왔다. 현

말라리아를 옮기는 중국 얼룩날개모기. 피를 더 빨기 위해 걸러낸 피를 내보낸다.

지 풍토병이 결코 '강 건너 불'이 아닌 것이다. 이번 여름에 특별히 해외 여행 계획이 없는 사람이라고 하더라도 모기에 대한 대비는 필요하다. 국내에서도 말라리아 환자가 계속 발생하고 있기 때문이다.

암모기, 이산화탄소로 사람 감지해 공격

'모기와의 전쟁'은 어제오늘 일이 아니다. 이미 태고적부터 있었다. '작은 파리'quito, mos란 의미인 모기는 1억7000만 년 전에 등장해 동물과 같이 지내다가 200만 년 전부터 인간과 동거를 시작했다. 이후 인간은 '모기와의 전쟁'에서 일방적으로 두들겨 맞고 있는 신세다. 3500여 종에 달하는 모기들 중 동물이나 사람을 무는 모기는 모두 암놈이다. 수놈은 식물 즙을 먹는 '평화주의자'다. 모기가 다른 동물을 무는 순간 피가 섞여 다양한 질병을 옮기게 된다. 모기가 각종 감염병의 매개동물이 되는 것은 그래서다.

특히 치명적인 말라리아·뎅기열을 옮기는 말라리아 모기·이집트숲모기 등 30종의 모기가 골칫거리다. 이중 말라리아는 가장 많은 사상자를

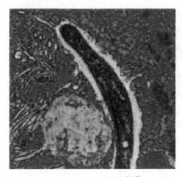
모기 장내에 있는 말라리아 원충. 모기가 피를 빨 때 사람의 몸으로 옮겨온다.

낸다. 국내에서 말라리아는 '학질'로 통한다. 해마다 500~1000명의 환자가 발생한다. 그나마 다행인 사실은 국내 말라리아는 대체로 독성이 약한 편이어서 제대로 치료하면 완치가 가능하다는 것이다. 하지만 고열·오한·두통 같은 증상들이 동반돼 사람을 축 늘어지게 만든다. 지긋지긋하게 달라붙어서 떼어내기 힘든 고생을 흔히 '학질을 뗀다'라고 표현하는 것은 그래서다.

권위 있는 과학전문지인 사이언스에 모기가 오랫동안 모기 청정지역이던 고高지대까지 점차 확산되고 있다는 연구논문이 올해 실렸다. 이는 지구온난화 덕분에 모기가 자신들의 서식지를 확대시킨 결과로 풀이된다. 실제로 요즘은 초겨울에도 모기에 물린다. 따뜻한 아파트의 계단을 따라 올라오는 모기 탓에 여름이 지나도 모기에 물리는 사람들이 수두룩하다.

모기는 귀신같이 사람을 찾는다. 20m 밖에 있는 사람의 냄새를 맡고 날아온다. 2013년 사이언스에 따르면 모기가 사람을 찾아내는 세 가지 방법, 즉 이산화탄소·땀 냄새·체온 중에서 이산화탄소 감지 기능이 특히 중요하다. 이산화탄소 추적 유전자를 없앤 모기는 사람을 전혀 탐색하지 못한다는 것이 논문의 결론이다. 이로써 모기의 '아킬레스건' 하나가 밝혀진 셈이다. 모기가 위험한 것은 단순히 피를 빨아서가 아니라 말라리아 원충이나 뎅기열 바이러스 같은 병원체를 인체에 옮길 수 있기 때문이다.

마이크로 니들은 모기침 보고 개발

암컷 모기만 흡혈吸血하는 이유는 무엇일까? 암컷 중에서도 알을 낳은 모기가 자기 몸 안의 모기 알을 먹이기 위해 사람의 피를 빤다. 모기 입장에서 본다면 들키면 '맞아 죽을 것을 각오하고' 침을 꽂는 지극한 모정의 발로이자 생존방식이라고도 볼 수 있다. 들키지 않게 침을 꽂으려면 몇 가지 전략이 필요하다. 우선 침이 가늘어야 한다. 모기 침의 굵기는 머리카락의 1/4이다. 현재 가장 가는 주사바늘(32G)의 1/10에 불과하다. 따라서 모기 침이 피부를 뚫어도 사람은 거의 통증을 못 느낀다.

모기는 또 흡혈을 돕는 특수물질을 침과 함께 피부에 주입한다. 모기의 침엔 통증을 못 느끼게 하는 마취물질, 이 마취물질이 금방 퍼지게 하는 확산물질, 사람·동물의 피가 금방 굳지 않게 하는 혈액응고 방지물질, 혈관을 확장해 피가 잘 빨리도록 돕는 혈관확장 물질, 피와 함께 옮겨지는 말라리아 원충이 사람 면역세포의 공격을 받지 않게 하는 면역억제물질 등이 들어 있다. 모기의 침이 이런 성분들을 갖고 있다는 사실도 놀라운 데 이들은 모기 침 속에 든 20개 물질 중 기능이 알려진 반에 불과하다. 한마디로 피를 빨기 위한 '첨단무기'들을 시리즈로 갖고 있는 '흡혈 종결자'다.

인간은 이미 이런 모기의 '첨단무기들'을 모방하고 있다. '마이크로 니들micro-needle'은 모기 침을 모방한 수백 개의 주

모기 침을 모방해 만든 마이크로 니들microneedle. 통증 없이 피부노화 방지제를 피부에 침투시킨다.

사 다발로, 여기에 피부노화 억제 약을 채워 얼굴을 두들기면 약 성분이 피부를 뚫고 쉽게 들어간다. 화장품처럼 피부에 바르는 것보다는 '마이크로 니들'이 유용한 물질을 피부에 침투시키는 데 훨씬 효과적이다. 또 혈액응고 방지물질은 심장마비의 주된 원인인 혈전(피떡)의 제거제로 이미 병원에서 쓰이고 있다. 모기가 가진 나머지 물질은 무슨 신비의 무기일까? 우리는 적을 너무 모르는 것이 아닐까?

생명 위협할 수 있는 군대 '모기 점호'

모기 대처법으로 우리는 현재 '창'(살충제)으로 죽이거나 '방패'(기피제)로 피하는 방법을 사용한다. 실내에선 살충제, 야외에선 몸에 바르는 모기 기피제를 사용하는 것이 일반적이다.

모기는 어떤 물질을 기피할까? 모기 기피물질을 선정하는 방법도 진화하고 있다. 일반적으론 후보물질을 털이 없는 누드nude 마우스(생쥐)에 바른 후 모기가 몇 마리나 달라붙는가를 측정해 고른다. 최근엔 모기의 이산화탄소 추적 능력을 차단하는 방법이 동원된다. 모기의 후각嗅覺 수용체에 이산화탄소보다 더 강하게 달라붙는 물질이 모기 기피제로 활용되는 것이다. 이 기피제를 피부에 바르면 모기 앞에서 옷을 벗고 서 있어도 모기는 사람이 있는 줄 모른다.

과학자들은 자신들이 발명한 모기 기피제의 효능을 검사하기 위해 모기를 가득 모아놓은 상자에 맨 팔을 집어넣기도 한다. 이런 실험 장면은 보기만 해도 몸이 '근질근질' 가려워지고 예전의 악몽이 되살아난다. 군 훈련소에서 한 여름 밤에 벗은 채로 '얼음땡'이 되는 소위 '모기 회식'의 추억이다. 이 벌칙은 오래 전 군대에서 행해졌던 '얼차려'였다. 모기가 옮기는 병이 얼마나 많고 위험한 데 그런 무식한 행동을 했다니!

말라리아 모기, 태어나서 딱 한번 짝짓기

요즘 미국 플로리다 주의 주민들은 FDA(식품의약청)의 결정을 기다리고 있다. 모기퇴치용으로 개발한 유전자변형 모기를 살포하는 계획을 정부가 강행할 지 주목하고 있는 것이다. 다수의 주민들은 정부의 계획에 반대한다. 유전자변형 모기인 'GM 모기GM, Genetically Modified'의 원리는 간단하다. 모기로 모기를 잡겠다는 이이제이以夷制夷 방법이다. 말라리아를 옮기는 암모기는 태어나서 딱 한번 짝짓기를 한다. 이때 '내시' 수컷 모기와 짝짓기를 하면 불임이 돼 새끼가 태어나지 않는다. 이처럼 수컷의 불임화不姙化를 이용한 해충 방제법은 50년 전부터 현장에서 써 왔다. 다른 해충의 경우는 대개 감마선(방사선의 일종)을 쪼여서 '내시' 수컷을 만들었지만 모기는 너무 작아서 방사선 방법 대신 불임 유전자를 가진 '내시 GM 모기'를 만들어서 살포하겠다는 것이다. 그야말로 씨를 말리는 방법이다. 예비 실험결과 말라리아 감염 모기가 85%나 줄었다. 현재 개발 중인 또 한 종류의 GM 모기는 말라리아 원충 자체를 죽이는 모기다. 2013년 저명한 학술지인 PNAS에 소개된 방법은 말라리아 원충을 죽이는 유전자를 삽입한 GM 세균을 모기 장내腸內에 넣는 것이다. GM 세균을 장내에 지닌 GM 모기는 말라리아 원충이 들어오면 죽어 버린다. 유전자가 변형된 GM 모기를 자연계에 살포하겠다는 미국 정부 방침에 환경단체들의 반발이 거세다. GM 모기를 풀어 놓으면 더 독한 변종變種 모기가 반드시 생길 것이며 또 이 방법으로 모기를 박멸하면 모기를 먹고 살던 박쥐가 굶어 죽을 것이란 이유에서다. 아직 야생에 GM 생물체를 풀어놓은 적이 없는 미국 정부의 결정이 주목된다.

열흘에 100마리의 알을 낳고, 여름엔 하루 만에 수십억 마리가 태어나는 모기를 박멸시키기란 쉽지 않다. 또 생태계의 한 축인 모기를 박멸시킬 경우 예상치 못한 부작용이 생길 수 있다. 최선의 방법은 천적을 이용하는 것이다. 모기 장내에 살면서 독소를 만들어 모기를 죽이는, 이른바 킬러 미생물을 대량 생산해 모기 번식지역에 살포하는 방법도 있다. 모기 킬러인 '모기 물고기mosquito fish(탭민노우)'를 적극적으로 이용할 수도 있겠다.

'내시 모기'와 '말라리아 살상 모기'를
만들어 '모기와의 전쟁'을 준비한다.

다가오는 여름 휴가철엔 모기를 조심하자. 모기를 유인하는 3가지 인자, 즉 이산화탄소 · 땀 냄새 · 체온 중에서 땀 냄새는 샤워로 없앨 수 있다. 야외 활동이나 캠핑을 계획한다면 모기 기피제나 긴 소매 · 긴 바지로 노출을 최소화 하자. 모기향은 코앞에 놓을 것이 아니라 실내 공기의 대류를 감안해 높은 곳에 놓고 방충망을 점검하자. 남부 아프리카 · 일부 동남아 등 말라리아 · 뎅기열 위험국가를 여행할 계획이라면 예방주사는 필수다. 해당지역 여행 후 나타나는 고열 · 구토 등 감염 증상에도 유의해야 한다.

모기는 수억 년을 살아남은 생존의 '고수'다. '모기와의 전쟁'에서 완벽한 '창'을 준비하는 동안 '방패'를 잘 사용하는 지혜가 필요하다. 모기에게 칼을 빼 든 인간, 과연 벨 수 있을까?

06

수퍼내성균 때려잡을 비책, 미역은 안다는데…
병원균과의 전쟁

이미 오래 전, 인간과 병원균의 한판 승부는 시작되었다. 콜레라, 흑사병 등의 재앙에서 인류를 구하려는 한 연구자의 꿈은 그리 쉽게 이루어지지 않았다. 토요일 밤 늦게까지 계속된 실험으로 지친 그는 병원균을 기르던 배양 접시를 쓰레기통에 내던지고 자포자기의 심정으로 실험실을 떠났다. 하지만 그는 월요일 아침 놀라운 행운과 마주친다. 쓰레기 통 속의 병원균이 어떤 종류인지 알 수 없는 곰팡이에 의해 완벽하게 죽어 있는 것이다. 사상 최초의 항생제인 페니실린 생산 균을 발견한 역사적인 순간이다(사진1). 그 주인공은 알렉산더 플레밍. 제2차 세계대전 당시, 플레밍이 발견한 항생제인 페니실린 덕분에 수많은 젊은이가 병원균과의 싸움에서 목숨을 건졌다. 인간과 병원균의 1차 라운드는 이렇게 인간의 일방적인 승리로 끝나는 듯했다. 이렇게 페니실린이 세상 최초의 항생제로 등극한 1928년은 인류가 병원균을 완전히 박멸할 수 있다는 희망을 보인 해다. 하지만 사반세기가 채 지나가기도 전인 1950년에 페니실린 주사에도 죽지 않는 내성균이 다시 나타났다.

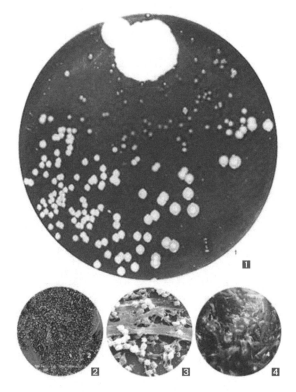

1 플레밍이 발견한 페니실린 생산균이 자라던 배양 접시. 페니실린을 생산하는 곰팡이(상단의 큰 백색)가 우연히 날아들어와 자라면서 분비되는 페니실린 때문에 근처에는 병원균인 포도상구균 (하단의 작은 백색들)이 자라지 못한다.
2 MRSA의 현미경 모습. 최근 발견된 수퍼 항생제 내성균MRSA은 독소를 동시에 뿜어내는 것으 로 밝혀졌다.
3 바이오필름biofilm 모습. 인체 내에 삽입하는 카테타(금속 수술보조기구)에서 붙어 형성된 포도 상구균의 바이오필름 모습.
4 바다의 미역. 미생물의 통신 차단제를 이미 만들고 있었다.

병원균의 반격에 깜짝 놀란 인간은 61년 모든 사람의 기대 속에 페니실린 내성균을 타깃으로 하는 강력한 항생제인 메티실린을 만들어낸다. 하지만 채 1년이 지나기 전에 메티실린을 완벽히 분해해 무력화시키는 강력한 항생제 내성균인 MRSAMethicillin Resistant Staphylococcus Aureus균이 그 무시무시한 모습을 드러낸다(사진2). 인류는 강력한 항생제인 메티실린의 반격을 아주 쉽게 받아친 수퍼내성균MRSA의 등장에 위기의 순간을 맞게 되었다. 병원균들에게 쓸 무기가 없는 것이다.

페니실린으로 1R 승리, 2R 완패, 3R는?

수퍼내성균은 아직도 많은 사상자를 내고 있다. 2012년 미 시카고대학 연구팀의 조사에 의하면 지난 5년간 수퍼내성균 감염 환자 수는 2배 증가했고 이 숫자는 에이즈AIDS나 인플루엔자 바이러스 환자보다 많은 수치였다. 이 통계를 놓고 보면 입원환자 20명 중 한 명은 MRSA 환자라는 것이다. 무엇보다 수퍼내성균 환자는 다른 병원균에 걸린 환자보다 사망 확률이 무려 50% 높다고 한다. 바야흐로 수퍼내성균이 인간의 생명을 위협하는 가장 강력한 병원균으로 등장한 셈이다. 인간과 병원균의 제2라운드에서는 병원균이 인간에게 강력한 펀치를 먹이고 이를 맞은 인간은 그로기 상태로 비틀거리고 있는 셈이다. 수퍼내성균이라는 무시무시한 이름을 가지게 된 포도상구균은 원래 그리 독한 녀석이 아니었다. 즉 수퍼가 아닌 보통의 착한 포도상구균은 사람의 피부에 붙어 더 독한 병원균이 몸에 침투하지 못하도록 자리를 선점하고 있는 공생 파트너다. 물론 이 포도상구균도 피부에 상처가 날 경우 우리 몸에서 피부 염증을 일으키거나 혈액 내에서 감염을 일으키기도 한다.

　이 착한 녀석이 문제아가 되기 시작한 이유는 인간의 항생제 과다 사용 때문이다. 병원균이 항생제에 대해 내성이 생기는 방법은 크게 세 가지다. 첫 번째는 병원균 내에 침투한 항생제를 아예 분해시키는 방법, 두 번째는 항생제가 달라붙는 곳을 변화시켜 아예 못 붙게 하는 법 그리고 세 번째로 들어온 항생제를 밖으로 내쫓아 보내는 방법이다. 병원균은 평상시 빠른 속도로 자라면서 많은 종류의 변종, 즉 유전자가 변한 놈을 만들어낸다. 이 가운데 앞의 세 가지 중 하나에 해당하면 이들은 항생제 공격에서 당당히 살아남는 것이다. 항생제 내성균이 생긴 것이다. 심각한 문제 중의 하나는 항생제를 과다 사용해 높은 농도의 '항생제 펀치'에도 살아남는 병원균이 생겼다는 것이다. 이들은 웬만한 항생제로는 상대가 안 되는 최강자다. 결과적으로 항생제의 과다 사용이 병원균의 맷집만 키워준 꼴이 된 것이다.

20분 만에 두 배로 늘어나는 수퍼내성균

　수퍼내성균이 인류에 등장한 원리도 이와 같다. 메티실린Methicillin은 페니실린 내성균을 잡기 위해 만든 항생제다. 이런 메티실린이라는 항생제 펀치를 맞다가 한 녀석이 살아남은 것이 MRSA, 즉 수퍼내성균이다. 그런데 이해하기 힘든 것은 이놈의 등장 속도다. 불과 1년 만에 메티실린을 분해할 수 있는 괴물이 생긴 것이다. 왜 이 내성균은 인간의 진화에 비해 엄청나게 빠른 속도로 진화하는 것일까? 우선 이놈은 20분 만에 두 배로 늘어난다. 그만큼 돌연변이가 생길 확률이 높다. 사람이 태어나 20년 만에 아이를 낳는 것과는 비교가 안 된다. 두 번째로 내성균이 빨리 생기는 이유는 다른 데서 이미 만들어져 있는 항생제 내성 유전자를 통째로 수입해 오기 때문이다. 즉 '플라스미드'라고 불리는 수송선에 여러 종류의 내성 유전자를 한꺼번에 실어 오고 게다가 다른 종류의 병원균 사이에서도 수시로 주고받는다. 프로야구팀이 자체 내에서 좋은 선수를 오랜 훈련으로 기르는 것보다 스카우트해 오는 것이 훨씬 빠른 것과 같다. 또한 스카우트할 때 4명의 선수를 한꺼번에 받는 경우도 있다. 병원균도 마찬가지다. 실제로 한 대학병원에서 발견된 수퍼내성균에서 네 종류의 항생제에 내성을 일으키는 강력한 변종 유전자가 실려 있는 플라스미드가 발견되었다. 이제 수퍼내성균의 세상이다. 이를 막을 방법을 찾느라 인간 연구자들은 밤을 새운다.

이제 새로운 타입의 항생제를 속히 찾아야 한다. 기존의 항생제, 즉 페니실린처럼 병원균의 세포벽 합성 등을 직접 방해하는 방식이면 오히려 변이주의 종류만 더 늘릴 뿐이다. 미국 제약회사 머크는 두 군데를 동시에 공격하는 '더블타깃'을 개발 중이다. 하지만 이 역시 특정 유전자를 타깃으로 한다는 것은 같다. 즉 낮아진 확률이지만 그래도 이런 항생제에도 내성균이 나올 확률이 있다. 좀 더 업그레이드된 다른 차원의 항생제가 없을까? 최근 병원균 간의 통신을 방해하는 방법이 차세대 항생제로 주목을 받고 있다.

병원균 통신 물질 'AHL'을 공략하라

병원균이 인체의 침입에 성공해 감염시켜서 사망시키려면 첫 번째 피부 같은 장벽을 통과해서 인체 내로 들어와야 한다. 상처를 입거나 수술 후에 감염이 되는 경우에 해당된다. 1단계 장벽인 피부를 통과하면 다음 단계는 인체 면역과의 싸움이다. 철조망을 통과했으니 이제 적진에서 일전을 벌이는 것이다. 병원균의 목표는 인체의 점령이다. 군인들 간의 전투와 같다.

성급히 무작정 달려들면 인체에 비상경보를 발생시켜 인체면역시스템에서 급파된 식균세포나 항체라는 미사일 공격을 받아 병원균은 제대로 된 전투 한 번 벌이지 못하고 괴멸된다. 모든 군사지원이 준비된 상황에서 일제 공격을 해야 침입자인 병원균의 승률을 높인다.

2012년 미국 PNAS 잡지에는 병원균이 인체에 독소를 뿜을 때에는 '상호연락'을 한다는 놀라운 사실을 발표했다. 먼저 침입한 병원균은 끈끈한 물질을 발생시켜 인체 내부의 벽에 필름 형태의 방공호인 바이오필름 Biofilm을 만든다(사진3). 이 안에서 일정한 수가 될 때까지 식량을 나누어 먹고 때를 기다린다. 일정 숫자가 만들어지면 상호 연락을 통해 '돌격 앞으로!' 명령이 떨어지면 일제히 독소toxin를 내뿜어 인체를 공격한다. 이런 전술은 군대에서도 사용한다. 즉 모든 병력을 공격라인에 집결한 뒤 계산된 시간에 포사격을 실시해 참호 속으로 피할 틈을 주지 않는 소위 TOTTime On Target 공격법이다. 이런 전술을 오래 전부터 병원균이 쓰고 있던 것을 최근에 확인한 것이니 공격전술에서는 병원균이 포병사령관보다 한 수 위인가 보다.

병원균들이 사용하는 통신 방법은 주위에 내 동료가 얼마나 있는가를 서로에게 알려주는 방식이다. 통신 물질의 한 종류는 병원균이 만드는

AHLN-Acyl Homoserine Lactones이다. 즉, 병원균이 많이 모이면 AHL도 높아진다. 어느 농도 이상이 된 AHL이 독소를 생산하는 유전자를 켜게 되면서 독소를 일제히 생산해 공격한다는 것이다. 지피지기면 백전백승. 연구자들은 여기에 착안한 차세대 항생제를 만들려 하고 있다. 병원균이 AHL을 아예 못 만들게 하거나 AHL을 백신처럼 인체에 미리 주사하는 '통신 방해술'이다.

재미있는 것은 인간들이 수퍼내성균을 없애는 방안의 하나로 최근 연구 중인 이런 '통신 방해술'은 이미 자연에서는 널리 쓰이고 있는 방어책이라는 것이다. 하나의 예로 미역을 들 수 있다. 바다에 있는 바위나 구조물에는 여러 생물들이 달라붙어서 두터운 바이오필름이 생성된다. 배 밑바닥에 많은 생물들이 달라붙는 것도 하나의 예다. 이런 것들과는 달리

참호(바이오필름) 속의 병원균(수퍼 항생제 내성균 · MRSA) 사이의 통신을 방해하는 차세대 항생제 기술.

미역의 잎 표면은 늘 깨끗하게 유지된다는 것이 연구자들의 관심을 끌었다. 바다에 있는 미역, 다시마는 햇볕을 받아야만 광합성을 해서 살아갈 수 있기 때문에 미생물들이 잎 위에 두터운 바이오필름을 만들면 안 된다. 바다 미생물들은 바이오필름을 만들 때 통신 수단으로 화학물질인 AHL을 만들어 같은 팀을 모은다. 미역은 이걸 필사적으로 저지해야 한다. 이 목적으로 미역들이 바다 미생물 사이의 통신 수단인 AHL 저해제를 미리 만들어내 바다 미생물들이 잎을 덮는 바이오필름을 만들지 못하도록 한다는 것을 알아냈다. 미역이 '병원균 통신 차단제'라는 새로운 항생제 개발의 아이디어를 준 셈이다(사진4).

이젠 병원균과의 3라운드를 시작해야 한다. 침입하는 병원균끼리의 소통을 차단하는 원리를 이용해 인체 내에서 활동하지 못하게 하는 것은 한 가지 방편이다. 자연은 답을 알고 있다. 자연이 주는 지혜를 잘 쓰면 된다. 병원균과의 3라운드에서 인류의 한판승을 기원한다.

07

바이러스 잡는 건 바이러스 … '이이제이以夷制夷'가 살 길
바이러스와 전쟁

2007년 9월 콩고의 한 마을. 원인을 알 수 없는 괴질이 발생했다. 전염된 사람들은 눈과 귀에 피를 쏟으며 죽어갔다. 환자 264명 중 186명이 숨져 치사율이 무려 71%에 달했다. 후에 괴질의 원인은 에볼라 바이러스로 밝혀졌다. 감염자 대부분은 마을 추장의 장례식에 갔던 사람들이었다. 이들은 죽은 이의 시신을 닦는 전통 장례 의식을 하다 감염됐고 괴질이 사람들에게 빠르게 전파된 것이었다.

그나마 괴질이 더 이상 전파되지 않은 것은 바이러스가 혈액이나 체액을 통해서만 감염되고 공기로는 확산되지 않았기 때문이다. 만약 이 치명적인 바이러스가 공기를 통해 전파되는 인플루엔자, 예를 들면 신종 플루같은 확산력을 가졌다면 어떻게 됐을지 상상만 해도 끔찍하다. 인류는 최고의 의학과 과학을 자랑하는 21세기에 살고 있지만 바이러스를 제대로

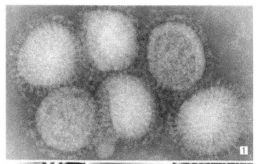

1 인플루엔자 바이러스의 전자
현미경 사진. 외투에 있는 단
백질은 H와 N 유전자다.
2 박테리오파지 바이러스(왼쪽)
가 숙주인 박테리아(오른쪽)의
표면에 달라붙어 있다.
3 1918년 5000만 사상자를 낸
스페인 독감의 인플루엔자 바
이러스 A(H1N1). 알래스카에
매장된 당시 사망자에게서 바
이러스를 분리해 확인했다. 이
바이러스는 2009년 신종플루
때 다시 유행해 전 세계 인구
의 10~20%를 감염시켰다.
4 인체 면역세포(적색)를 파괴
하고 나오는 에이즈 바이러스
(녹색)

알고 있는 것일까? 바이러스와의 전쟁에서 이길 수 있을까?

바이러스의 어원은 라틴어의 독virus, 毒인데 반드시 어딘가에 들어가

빌붙을 곳, 즉 숙주host라고 부르는 '동반자'가 있어야만 생존이 가능하다.

하지만 숙주를 바이러스의 '동반자'라고 불러도 될까. 바이러스는 들어가

사는 처지이면서도 주인인 숙주를 때로는 무자비하게 죽이는 킬러에 가

깝기 때문이다. 바이러스는 가장 작은 크기의 생물체이다. 바이러스 1000

마리를 길이로 붙여놔도 가는 머리카락의 100분의 1 굵기에 못 미친다.

바이러스는 구조도 간단하다. 단백질로 만들어진 외피 내에 DNA 혹은

RNA 유전자가 들어 있다(사진1).

사실상 지구상의 모든 생물체에는 바이러스가 들어가 살고 있다 할 수

있다. 바닷물 한 방울에도 2억 마리 정도의 바이러스가 있다. 현재까지 밝

혀진 바이러스의 종류는 1400여 종 정도있다. 그러나 얼마나 더 많은지

아직 모르고 있다. 수많은 생물체가 살고 있는 정글에 존재할 바이러스의 수와 종류는 우리의 상상을 초월할 것이다.

바이러스 역시 모든 생물체의 공동 목표인 자손 퍼트리기를 위해 두 가지 전략을 가지고 있다. '치고 빠지기' 아니면 '들어가 버티기'다. 치고 빠지는 바이러스는 대부분 숙주가 급성 병을 앓게 만든다. 독감의 원인인 인플루엔자나 홍역을 일으키는 바이러스는 인체 세포에 침입해 자신을 수백 배로 복제한 뒤 세포를 부수고 튀어나와서는 또 다른 세포를 공격한다. 이런 종류는 공격이 끝나면 '잠수'를 타는 악당들처럼 숨어 지내며 또다시 적당한 숙주를 공략할 기회를 노린다.

이런 공격적인 바이러스에 비해 숙주의 몸에 아예 머무르는 바이러스는 급성 질환을 일으키지는 않는다. 바이러스의 입장에서도 숙주가 죽는 것보다 살아 있는 게 생존에 유리하다. 에이즈나 B형 간염 보균자의 바이러스는 일종의 '공존'상태라고 할 수 있다. 바이러스 중에는 '치고 빠질지' 아니면 '잠시 공존할지'를 결정할 때 숙주의 상황을 고려하는 약삭빠른 놈도 있다. 박테리아만을 공격하는 바이러스인 박테리오파지는 먹을 게 많으면 상대방을 파괴해 순식간에 수를 늘린다(사진2). 하지만 '동료'가 많아 먹을 게 적을 때는 활동을 자제하고 숙주에 자기 유전자를 삽입시켜 놓고 때를 기다린다. 그러다 '동료'가 줄어들면 기지개를 켜고 숙주 세포를 공격한다. 이렇게 대기할 때 이놈들은 다른 바이러스가 들어오지 못하게 막는다. 자기 먹을 것은 철저히 챙기는 셈이다. 이외에 또 다른 교묘한 전략은 자기 명찰을 만드는 유전자를 바꾸는 일이다.

바이러스 생존법, 치고 빠지기와 버티기

2013년 4월 11일 과학잡지인 '네이처'는 최근 중국에서 발생, 4월 16일 현재 63명 감염자 중 14명 사망자를 낸 조류독감H7N9이 서로 다른 3종의 조류 바이러스가 모자이크처럼 합쳐져 발생한 신종이라는 것을 밝혔다. 이 신종 조류독감이, 바이러스 전문가들에 따르면 2009년 세계 인구의 10~20%를 감염시킨(실제 발병과는 다르다) 신종 플루H1N1와 같은 전파력과 2004년 환자 60%의 치사율을 보인 조류독감H5N1의 특징을 동시에 가진 변종은 아닌가?(사진 3) 지켜보는 지구인은 조마조마하다. 이 우려가 현실로 발생할 경우 1957년 200만 사상자를 낸 아시안 독감(H2N2)이나 68년 70만 명이 사망한 홍콩독감H3N2 같은 대재앙이 일어날 수 있다.

인체 면역 시스템은 바이러스를 포착하고 종류를 확인해 내는 기억세포, '항체'인 공격용 단백질, 공격용 세포로 구성돼 있다. 변종은 면역을 해본 기억 세포가 없어 퇴치에 시간이 걸리고 사상자를 만든다. 독감 바이러스의 명찰은 H, N 두 가지다. H는 바이러스가 호흡기 세포에 달라붙을 때, N은 세포를 파괴하고 나올 때 쓰는 유전자다. 현재까지 H가 17종류, N이 9종류가 보고돼 있으니 이론적으로는 두 개의 조합수인 17×9, 즉 153종의 조류독감 변종이 가능하다. 하지만 이러한 다양한 조합 내에서도 H, N 자체가 또다시 H', N'로 변해 같은 조합에도 여러 변종이 발생한다.

이런 현상은 독감 바이러스 유전자가 '단단한' DNA가 아닌 '허술한' RNA 유전자로 구성돼 변이가 생기는 확률이 다른 바이러스보다 500배

높기 때문이다. 어떻게 서로 다른 유전자를 가진 바이러스끼리 유전자를 섞을 수 있을까? 만남의 장소는 어디인가? 에이즈는 침팬지의 몸에서 만났다(사진 4). 서로 다른 두 종의 원숭이 체내에 있던, 종류가 다른 에이즈 바이러스가 두 원숭이를 잡아먹은 침팬지의 몸속에서 혼합되었다는 것이고 그 후 인간과 접촉, 전파되었다는 것이 유전자 추적 결과 확인되었다. 이렇듯 야생동물은 모든 바이러스의 주요 은신처이고 혼합기이며 확산의 주역인 것이다.

인간이 기르는 가축화된 동물도 바이러스 통로 역할을 한다. 예를 들면 농가에서 사람들이 조류 바이러스에 감염된 닭이나 오리 등을 접촉한 경우 등이다. 아무래도 가축들은 야생동물에게서 직접 감염되는 것보다도 훨씬 더 인간과 접촉빈도가 높기 때문이다. 생활이 현대화됨에 따라 가축화된 동물들은 대형으로 사육되고 사람들도 도시 등 군락을 이루어 모여 살게 되었다. 이러한 환경은 사람 사이에 퍼지는 바이러스에겐 최적의 확산 조건이 아닐 수 없다. 서울에서 파리로 날아가는 비행기나 여러 사람이 모여드는 공항은 한나절이면 바이러스를 먼 거리로 확산시키는 허브가 되는 셈이다. 브라질의 아마존 등 광활한 밀림이 개발이란 이름으로 잘려 나가면서 그곳에 있던 야생동물, 그리고 태곳적부터 평화로이 지내던 바이러스가 뛰쳐나와 바깥세상의 인간에게 옮겨온 것이 재앙의 시작인 것이다. 결국 인간에 대한 바이러스의 위협은 인간의 환경 개발 혹은 파괴의 반대급부라고도 할 수 있다.

바이러스 위협은 환경 개발·파괴 대가

인간은 불가피하게 바이러스와 오랫동안 같이 지내왔다. 미국 성인의 30%는 인간 유두종HPV 바이러스에 '감염'돼 있지만 극히 예외적으로 자궁경부암을 일으키는 것을 제외하면 감염 자체를 모를 만큼 특별 증상이 없다. '순한 바이러스'는 때로 인간에게 많은 도움을 주기도 한다. 예를 들어 20세기 3억~5억 인구가 사망한 천연두 바이러스의 치료제인 천연두 백신은 천연두와 유사한 '소의 천연두'인 우두 바이러스 덕분에 만들 수 있었다. 바이러스로 바이러스를 치료한 셈이니 '적으로 적을 죽인다'는 이이제이以夷制夷 전략이라 할 수도 있다.

그 밖에 요즘은 바이러스를 약화시키거나(홍역 백신), 죽인 바이러스(독감 백신)나 바이러스의 일부(B형 간염 백신)를 백신으로 사용한다. 인간에게 아군이 되어 해로운 병균을 선별적으로 공격하는 '착한 바이러스'도 있다. 예를 들면 가축의 대장 질병 균인 살모넬라균만을 공격하는 박테리오파지를 만들어 사료에 공급하면 대장 내 유해균만을 제거해 사료에 항생제를 굳이 사용하지 않아도 된다. 또 바다에서 발생하는 적조는 적색 미세조류가 갑자기 늘어나 발생하는데 최근 이 미세조류만을 죽이는 적조바이러스가 발견됐다. 이를 대량으로 배양해 적조지역에 살포한다면 현재의 적조 퇴치법보다는 훨씬 더 효과적일 것이다. 이 역시 바이러스를 천적으로 이용한 셈이다. 또 최근에는 암세포에만 침투하는 바이러스로 암을 치료하는 연구가 성과를 보이고 있다. 인간의 천연두 바이러스와 유사한 소의 우두 바이러스가 인체에 해를 끼치지 않고 침입을 잘하는 특성을 이용한 것이다. 우두 바이러스에 암 치료 유전자를 넣어 인체에 주사하며 면역 문제 없이 암세포만 공격해 파괴할 수 있다는 게 최근 국내 연구진에 의해 발견됐다. 천연두 백신을 알려준 '착한 바이러스'에 암세포 공격용 무기를 탑재한 셈이다. 이런 내용은 과학잡지인 '네이처' 에 실렸다

지금 인간은 바이러스와의 일전을 준비하고 있다. 하지만 인간은 바이러스를 완전히 없앨 수 없다. 아니 그럴 필요도 없다. 대신 지구에 존재하는 대등한 생물체로 대접하고 공존할 수 있는 지혜를 열어야 한다. 바이러스로 바이러스를 치료하는 것과 같은 방법을 연구해야 한다.

Biotechnology

Chapter 2
불로장생의 기술

'잠의 신, 히프노스'(1874년 · 존 윌리엄 워터하우스). 깊은 잠을 잘 수 있도록 그의 동굴 침실엔 빛도 소리도 없다.

01

숙면은 불로초, 세상 모르고 자야 몸이 젊어진다
수면의 신비

"동창이 밝았느냐, 노고지리 우지진다. 소치는 아이는 상기 아니 일었
느냐. 재 너머 사래 긴 밭을 언제 갈려 하느냐."

조선 숙종 때 영의정을 지낸 약천藥泉 남구만南九萬(1711년)이 동해 유배
지에서 지은 시조다. 새벽에 일찍 잠이 깬 노인의 잔격정들을 담고 있다.
당시 남구만의 나이는 61세. 소를 돌보는 아이는 깊은 잠에 빠져 있을 시
각에 나이 든 그는 왜 잠에서 깨어 있었을까?

비단 그만의 얘기가 아니다. 필자가 어쩌다 소변이 마려워 새벽에 깨면
집안 어르신은 두꺼운 안경을 끼고 신문을 보고 계셨다. 기력이 떨어지는
노년에 잠이라도 푹 자야 할 텐데 나이들면 오히려 잠이 줄어든다.

노인들의 조각난 잠은 뇌에 치명타를 가해 치매를 유발하는 것으로 밝

혔졌다. 국내 성인 두 명 중 한 명은 잠을 충분히 자지 못한다. 청소년도 수면 부족으로 두뇌 집중력에 노란불이 켜졌다. 우울증 환자의 90%는 불면에 시달리며, 그들의 평생 소원이 숙면이다.

최근 이들의 귀가 솔깃할 만한 연구 결과가 나왔다. 학자들이 뇌 수면 스위치의 정확한 위치를 찾아낸 것이다. 실제로 그곳에 신호를 보냈더니 금방 곯아떨어졌다. 이제 불면증의 악몽에서 해방될 수 있을 것인가? 잠을 잘 자면 몸이 시간을 거슬러 젊어진다는 연구 결과도 나왔다. 이제 잠 좀 제대로 자 보자.

깊거나 얕은 수면 사이클 밤새 반복

밤손님들의 활동시간은 오전 2~4시 사이다. 사람들이 깊은 잠에 빠지는 시간이 잠든 지 2시간 이후란 과학적 데이터 정도는 밤손님들도 잘 알고 있다. 잠이 들면 4단계의 수면 과정을 거친다. 각 단계에 따라 뇌의 활동 패턴이 달라진다. 깊은

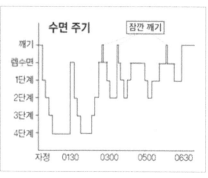

인간의 수면 사이클은 하룻밤 새 4단계가 반복된다.

잠과 얕은 잠이 밤새 4~5번 정도 반복된다. 가장 얕은 잠 상태에선 눈동자가 '획획' 돌아가고 뇌는 거의 깨어 있다. 이 같은 소위 렘REM:Rapid Eye Movement 수면이 자는 동안 4~5회 반복된다. 꿈의 대부분은 이때 꾸며 이 시간대에 꾸는 꿈이 뇌를 자극해 뇌 발달을 돕는다.

어릴 때는 꿈을 많이 꿔야 '쑥쑥' 잘 큰다. 필자는 어릴 적에 동전을 줍는 꿈을 자주 꿨다. 길가에 널려 있는 동전을 양손에 가득 주워 동네 아이스케이크 가게로 달려가는 순간에 꿈에서 깨곤 했다. 깨어서 비어 있는 손을 바라볼 때의 허탈감이 지금도 생생하다. 물론 동네 개에게 쫓기는 꿈도 자주 꿨다. 이때는 움직이지 않는 다리 탓에 대개 허우적거리다가 깬다. 얕은 REM 수면 상태에서 뇌는 거의 깨어 있지만 근육은 역설적으로 완전 마비 상태다. 그래서 꿈에 귀신이 쫓아와도 팔다리가 안 움직여 공포의 시간을 경험한다. 만약 꿈을 꾸는 동안 팔다리가 움직인다면 침대에서 굴러 떨어져 머리가 깨질 수도 있으니 그나마 천만다행이다. 실제로 꿈을 꾸면서 옆 사람을 칠 정도로 손발이 과도하게 움직인다면 병원 검사가 필요하다.

필자는 어릴 적에 동네 어른들을 따라 참새 잡기에 자주 나섰다. 밤늦은 시간, 초가지붕의 처마 밑을 플래시로 비춘 뒤 그곳에 잠들어 있던 참새들을 손으로 잡았다. 새를 포함한 동물들도 잠을 잔다. 잠을 잔다는 것은 처마 밑의 참새처럼 결코 안전한 상황이 아니다. 모든 감각이 잠들고 근육도 마비 상태여서 적의 공격에 속수무책이다. 당연히 진화에 불리할 텐데 왜 동물을 포함한 사람은 잠을 자는 걸까? 우리가 잠자는 동안 뇌가 어떤 일을 하는가는 아직 확실하지 않다. 만약 잠을 자지 않는다면 무슨 일이 생길까?

최근 미국 수면의학회지인 '슬립Sleep'에 발표된 논문에 따르면 잠을 자지 않을 경우 뇌세포가 파괴될 때 나타나는 물질이 뇌에 축적된다. 이 노폐물은 낮보다는 밤에 10배나 빨리 청소된다. 결국 뇌 회로에서 낮 동안의 모든 작업의 흔적을 리셋reset시키는 청소작업이 지금껏 알려진 수면의 역할 중 하나다.

PC도 임시 메모리 공간이 꽉 차면 비워 줘야 다음 작업을 할 수 있는 것처럼 뇌도 임시 메모리 부분에 있던 하루 동안의 내용을 기억 저장공간에 옮기는 청소작업이 필요하다. 잠을 못 자는 사람은 따라서 뇌세포에 찌꺼기 독성물질이 가득 차 있다고 볼 수 있다. 시한폭탄을 몸에 안고 사는 셈이다.

"낮잠은 건강에 해롭다"는 연구 결과도

고문 중에서도 가장 악랄한 것이 잠 안 재우기다. 눈꺼풀에 테이프를 붙이고 강한 빛을 눈에 쬐면 어떤 사람도 2~3일을 못 버틴다. 주야 교대를 하거나 시차를 자주 겪는 간호사·항공기 승무원의 경우 장기적인 수면 불균형이 생기면 심각한 건강 문제가 발생한다.

하루 수면시간이 5시간도 채 안 되는 성인의 경우 비만·당뇨병·심혈관 질환·기억력 저하가 동반되기 쉽다. 건강을 해치는 주요인이 운동 부족(74%)과 수면 불량(49%)이란 연구 결과도 국내에서(서울대 박소현 씨 박사학위 논문) 발표됐다. 사람마다 개인 차는 있지만 미국 국립보건원NIH이 권하는 성인의 평균 수면시간은 6~8시간이다. 아인슈타인과 처칠은 하루 4시간만 자도 문제없다고 했다. 하지만 22년간 2만 명을 대상으로 실시한 연구에선 수면시간이 7시간 이하이면 일찍 죽을 확률이 23.5% 높아지는 것으로 나타났다. 반대로 8시간 이상 자도 조기 사망률이 20.5%나 높아진다. 적당한 시간만큼만 자야 건강하다는 것이 이 연구의 결론이다.

낮잠을 자는 것이 건강에 이로운지에 대한 연구 결과는 들쭉날쭉하다. 올해 미국 '역학학회Epidemiology'에 보고된 연구 결과는 낮잠이 건강에 해로울 수 있음을 보여 준다. 13년간 1만3000명을 관찰한 결과로 매일 한 시간 미만 낮잠을 자면 14%, 한 시간 이상 자면 무려 32%나 사망률이 높은 것이 확인됐다. 몸이 약해져 낮잠을 자는 것인지는 분명하지 않지만 나이가 들어 낮잠을 많이 자면 일단 건강에 적색 신호등이 켜졌다는 신호다. 평생 건강하게 지내려면 잠을 제 시간에 푹 자야 한다는 의미다. 눕자마자 자는 사람도 있지만 국내 성인의 절반은 잠을 쉽게 청하지 못하고 또 잠을 설친다.

인도의 민족운동가인 간디는 금방 잠이 드는 사람으로 유명했다. 그의 수행원들은 그가 잠을 자겠다고 누우면 채 1분도 안 돼 곯아떨어지는 것을 잘 알고 있었다. 필자의 한 지인도 머리를 대자마자 코를 골기 시작한

조각난 잠은 건강에 큰 부담을 주는 요인이다.

다. 그와 함께 잠을 잘 때는 "내가 먼저 잘 테니 잠깐 기다리라"고 부탁해야 할 정도다.

불면증 환자는 이런 사람들이 너무 부럽다. 잠에 금방 빠지려면 두 가지 조건이 맞아떨어져야 한다. 지금은 밤이 이슥하니 잠을 잘 시간이란 사실을 알려 주는 생체시계와 잠이 들게 만드는 일정량의 피로다. 생체시계는 태양빛을 기준으로 맞춰진다. 우리 몸은 주변에 빛이 많으면 낮으로 인식해 활발하게 움직이려 든다. 반대로 빛이 없으면 밤이라고 여겨 멜라토닌 같은 수면호르몬을 분비시키고 활동을 멈춘다. 문제는 '적당하게 쌓인 피로'다.

낮의 활동으로 뇌엔 조금씩 피로물질이 쌓여 간다. 피로물질이 최대가 됐을 때 축적된 '피로'압력으로 '수면 스위치'가 '찰칵'켜진다. 수면 스위치가 켜지면 뇌세포를 잠재우는 물질이 분비돼 바로 곯아떨어진다. 잠자는 동안 뇌의 피로물질 탱크는 깨끗이 비워진다. 24시간 주기로 이런 사이클이 반복된다.

미국 하버드대학 연구팀이 '네이처 뉴로사이언스Nature Neuroscience' 올 8월호에 발표한 논문에 따르면 사람의 수면 스위치가 위치한 곳은 뇌간腦幹 주변이다. 이 부위를 자극하면 가바GABA란 화학물질이 방출돼 잠에 떨어진다. 이 '스위치'가 있는 곳은 호흡·혈압·맥박 등 생존

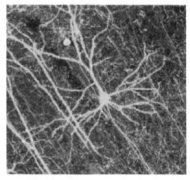

뇌세포(녹색)와 수면유도물질GABA을 생산하는 세포(적색).

에 필요한 기능을 조절하는 부위다. 이는 수면이 생명과 직결된다는 간접 증거도 된다. 만약 새로 발견된 수면 스위치만을 족집게처럼 작동시키는 수면제라면 뇌세포 전체를 마비시키는 기존 수면제와는 달리 부작용이 훨씬 덜할 것이다.

인간 수명 연구에 흔히 쓰이는 초파리fruit fly도 나이가 들면 잠에서 자주 깨고 새벽에 서성인다. 우주탐사선을 먼 목성까지 보내는 인간이 초파리와 같은 신세라니 조금은 당황스럽다. 하지만 초파리 덕분에 잠을 푹 잘 수 있는 물질을 찾아냈다. 올해 독일연구팀이 '플로스 바이올로지PLOS Biology'에 발표한 논문에 따르면 노인의 잠이 조각조각 나는 것은 음식물 대사 과정에서 발생하는 인슐린 신호가 강해지기 때문이다. 이를 줄이는 알약rapamycin을 초파리에게 먹였더니 잠이 조각나지 않고 밤새 숙면을 취했다. 게다가 시간을 거슬러 몸이 젊어지기까지 했다고 한다. 현대판 '진시황의 불로초'를 수면 연구에서 발견한 셈이다. 초파리의 수면 유전자를 사람도 갖고 있다. 그렇다면 우리도 밤에 깨지 않고 푹 잘 날이 멀지 않았다. 이런 알약을 먹기가 거슬린다면 잠자는 기술을 배우자.

골퍼의 루틴처럼 나만의 수면습관 필요

미국 시애틀의 관광 코스엔 항구의 한 집이 포함돼 있다. '시애틀의 잠 못 이루는 밤'(1993년 · 미국)이란 영화를 촬영한 장소다. 사별한 아내를 그리워하며 매일 잠을 못 자는 아빠의 사연이 어린 아들을 통해 라디오 전파를 타고 전국에 알려져 드디어 새로운 여인을 만난다는 줄거리다. 가족의 사별 같은 정신적 스트레스, 커피 · 녹차 · 콜라 등 카페인, 스마트폰의 청색 불빛 등은 뇌를 각성시켜 수면 스위치가 잘 켜지지 않도록 한다. 이는 모두 '잠 못 이루는 밤'이 되게 하는 요인들이다. 술은 수면 스위치는 켜지만 자는 도중 몸을 깨우는 역효과가 있다.

결국 자기 전에 뇌를 가라앉히되 수면 스위치가 켜질 만큼 뇌에 피로물질이 적절히 쌓여 있어야 숙면을 취할 수 있다. 가장 효과적인 방법은 낮에 햇빛을 보면서 몸을 움직이는 것이다. 햇빛은 뇌의 생체시계를 유지시켜 밤낮의 사이클을 정상 작동하게 하고, 몸을 움직여 생긴 물리적 피로는 스위치를 켜는 데 필수적이다.

잠을 자는 기술의 핵심은 잠자는 행동의 습관화다. 일류 골프선수는 타석에 올라 '후다닥' 공을 쳐 버리지 않는다. 먼저 목표를 흘끗 쳐다보고 고개를 한 번 흔드는 등 나름 '의식'을 하나하나 치른 뒤 스윙을 한다. 이런 행동은 반복 연습을 통해 체득되며 경기에 잘 적응하도록 스스로를 준비시키는 과정이다. 잠도 마찬가지다. 매일 같은 순서로, 같은 장소에서, 같은 기분으로 잠들면 뇌 속에 그 과정이 각인돼 쉽게 잠이 든다.

프랑스의 계몽주의 철학자 볼테르는 저서인 『인간론』에서 "신은 여러 가지 근심의 보상으로, 우리에게 희망과 수면을 줬다"고 말했다. 세상일은 점점 복잡해지고 근심도 많아지지만 뇌는 예전 인간 그대로다. 따라서 예전 방식대로 사는 것, 즉 낮에 움직이고 밤에 숙면하는 '주동야숙晝動夜宿'이 건강 장수의 지름길이다.

02

보신과 망신 사이 음주 경계, WHO 기준은 '소주 반병'
알코올중독 회로

프랑스의 화가 앙리 드 툴루즈로트렉의 작품 '숙취'(1888년).

지난달 11일 오전 11시 55분. 미국 캘리포니아 주州 마린 카운티의 911센터 응급요원이 집에 도착했을 때 이미 그는 이 세상 사람이 아니었다. 'Carpe Diem(오늘을 잡아라)', 즉 '지금 이 시간을 즐겨라'라는 명 대사로 청소년들에게 지금의 중요함과 꿈을 심어줬던 1990년 영화 '죽은 시인의 사회'의 주연 배우 로빈 윌리엄스는 그렇게 자살로 생을 마감했다. 1998년 영화 '패치아담스'에서 웃음으로 환자를 치료하는 의사였던 그다. 그는 스크린 속에선 웃고 있었지만 현실에선 내면의 악마와 싸우고 있었는지 모른다. 30년 동안 그를 괴롭힌 악마는 다름 아닌 '알코올'이었다. 청년시절 시작된 알코올과의 인연은 중독으로 발전했다. 그 후 수차례 재활센터를 들락거려야 했다.

'알코올 중독자'라고 하면 떠오르는 모습은 소주병을 끼고 살거나 취해서 길거리에서 잠든 술주정뱅이다. 그러나 전문가의 진단은 다르다. 술 취해 횡설수설하다가 아침이면 자기는 절대 중독이 아니라고 외치는 남성, 낮에 몰래 한잔하고 저녁이면 멀쩡해지는 주부, 이들이 모두 알코올 중독의 초기 환자라고 본다. 저녁이면 술 한 잔 생각이 나고 1주일에 한두 번은 친구들과 소주를 나누는 필자도 어쩌면 알코올 중독의 문을 두들기고 있는 상태일지도 모른다.

더구나 우리 집안 어르신들이 모두 술 때문에 돌아가셨다. 아버지가 말술이면 아들이 대물림할 확률이 4배나 높다고 하니 걱정이다. 소주 반병의 저녁반주도 이젠 망설여진다. 그나마 조금 위안을 삼는 것은 하루 소주 반병가량의 음주는 건강이나 중독에 큰 문제가 없다는 세계보건기구 WHO의 견해다.

주사를 '무용담'으로 용인하는 풍토 문제

전문가들은 중독의 위험성을 무얼 보고 판단할까? 답은 간단명료하다. 판단 기준은 술을 마시는 이유에 있다.

작은 키가 콤플렉스였던 필자의 지인은 키 생각이 날 때마다 한잔씩 했다. 한잔하면 일단 키를 잊을 수 있었다. 홀로 마시는 횟수가 점차 늘었다.

평소 주량이 소주 한 병이던 그 친구가 한 자리에서 세 병을 비운다고 하더니 어느 날 회사를 그만뒀다. 술자리에서 '키'를 언급한 상사를 넥타이 채로 잡아 팽개친 것이다. 그 친구는 술을 분풀이로 마셔왔던 셈이다.

중국의 작가 린위탕林語堂은 저서 '생활의 발견'에서 '애주가에겐 정서가 가장 귀중한 것'이라고 말했다.

친구들과 어울리는 떠들썩한 자리에서 적당량의 '사회적 음주'는 살아가는 즐거움의 하나다. 하지만 '현실을 잊으려고 퍼 마시는 폭주'는 중독의 첫째 요건이다. 즉 개인문제를 술로 해결하려는 사람이 중독 위험이 높다.

중독의 둘째 요건은 술 마시기에 대한 사회분위기다. 술 마시고 벌어진 추태를 '무용담'으로 받아들이는 등 술에 관대한 우리 사회는 중독의 두 번째 허들을 쉽게 넘게 한다.

세 번째 요건은 각자의 유전자다. 특이한 숙취 분해 유전자를 갖고 있으면 알코올 중독이 되기 쉽다. 만약 이 세 가지를 모두 갖췄다면 외줄타기를 하는 심정으로 늘 자기를 돌아봐야 한다.

술로 인한 사망, 고혈압·담배 이어 3위

알코올 중독의 4단계는 (1)자주 마시기 (2)가끔 필름 끊기기 (3)시작하면 발동 걸리기 (4)술 끼고 살기다. 1단계는, 한국의 직장인이라면 쉽게 들어선다. "술을 못하면 등신等神이요, 적당히 하면 보신補身이요, 지나치면 망신亡身"이란 농담엔 '남자가 술은 조금 해야지'라는 사회적 압력이 내포돼 있다. 술로 인한 실수는 2, 3단계에서 주로 나타난다. 술을 마시다가 절제의 끈이 끊어지면 큰 낭패와 망신을 겪을 수 있다. 상사를 넥타이 채로 잡아챈 내 친구의 경우 꾹꾹 누르고 절제해왔던 분노가 소주 3병에 튀어나온 셈이다.

알코올은 뇌 활동을 조절하는 신호물질을 증가 혹은 감소시킨다. 도파민·세로토닌의 분비를 늘려서 연애할 때처럼 공연히 '흥얼흥얼' 콧노래가 나오게 한다. 하늘이 돈짝만 해지고 귀갓길에 뜬금없이 장미 열 송이를 사가 돈 낭비했다며 집사람에게 '구박'을 받기도 한다. 이렇게 기분이 좋은 상태는 소주 1병, 즉 혈중 알코올 0.1%까지다.

이 정도를 넘어서면 알코올은 몸을 휘청거리게 한다. 글루타메이트·가바GABA같은 신경전달물질의 정교한 밸런스가 깨져 두뇌가 일을 못하도록 방해한다. 그 결과 학습과 기억 장애가 일어난다. 또 근육의 움직임이 둔해져 혀가 꼬이고 다리가 풀린다. 심하면 '땅이 얼굴로 올라온다!'라고 외치며 넘어진다.

특히 억제성 신경전달물질인 가바는 뇌의 '중앙통제장치'이다. 술이 '술술' 넘어가서 혈중 농도가 0.2%를 넘어서면 알코올이 우리 몸의 통제실 스위치를 내려버려 뇌가 마취된다. 평소엔 이성으로 조절되던 성욕억제 스위치도 내려진다. 젊은 커플은 새 식구가 생기는 '연애사고'를 치지만 중년에선 가정이 위태로워지는 '불륜사건'이 생기기도 한다. 마취된 뇌는 몸의 반응시간도 늦춘다. 소주 한 병이면 몸의 반응시간이 0.2초 늦어진다. 이에 따라 자동차의 제동거리는 두 배나 늘어난다. 정신이 멀쩡한 것 같아도 운전대를 잡았다간 사고가 날 수 밖에 없다.

분위기를 즐기는 음주는 살아가는 즐거움, 숙취가 없는 유전자라면 중독 가능성이 높다

현실을 잊자!!

술을 보신補身의 단계에 머물도록 하는 것이 현명하다.

보신과 망신의 경계점은 WHO의 '적정음주', 즉, 남성 기준(여성은 절반. 임신 여성은 금주)으로 맥주 2캔, 와인 0.4병, 소주 반병 그리고 위스키 3잔까지다. 술을 자주 마시는 1, 2단계를 넘어 3, 4단계에 들어서면 망신의 단계를 넘어서 목숨이 왔다 갔다 하는 사신死神이 된다. WHO가 지난 20년간 사망·장애의 발생 원인을 조사해 보니 고혈압·흡연에 이어 알코올이 3위를 차지했다. 또 살인의 42%, 교통사고의 30%, 응급 입원환자의 11%가 술이 원인이었다.

알코올 분해 유전자, 유럽보다 한·중·일 강력

국내 20세 이상 성인의 63%가 술을 마신다. 10.9%가 중독 위험군群, 4.2%가 알코올 중독자다. 이는 미국·일본보다 높은 비율이다. 음주량 세계 13위, 소주 포함 독주 소비량 10년 연속 1위와 무관하지 않다. 한국인이 특별히 술에 센 DNA(유전자)를 가진 것일까?

알코올 중독의 세 번째 요건, 즉 유전자의 영향은 50% 정도다. 유전자는 알코올 중독자가 되는데 사회 · 문화적 요인보다 영향을 더 많이 미친다. 아버지가 주정뱅이이면 그 아들이 설사 정상인 양아버지 밑에서 자라도 주정뱅이가 되기 쉽다. 알코올은 알코올 분해 유전자에 의해 숙취물질(아세트알데히드)로 분해되고 숙취물질은 숙취분해 유전자에 의해 물로 변한다. 알코올 중독에 빠지기 쉬운 유형은 남들보다 숙취 물질이 훨씬 덜 생겨서 다음 날 술을 또 마시려는 사람이다. 술을 잘 못 마시는 여성의 경우 알코올의 분해속도가 느려서 술에 장시간 취해 있다. 하지만 이 여성의 숙취분해 유전자가 강하다면 다음날 머리가 멀쩡해서 또 술을 찾게 된다. 그만큼 중독 위험성이 높다.

동아시아인, 특히 한국 · 일본 · 중국인은 알코올 분해 유전자가 유럽인보다 강하지만 숙취물질 분해 유전자는 상대적으로 약한 편이다. 따라서 음주량은 유럽인 이상으로 많지만 다음 날 숙취로 고생하기 때문에 그나마 알코올 중독자가 유럽의 반에 그친다.

지나친 음주 탓에 한국인의 간암 사망자 비율은 경제개발협력기구OECD 내 1위다. 간 질환은 국내 남성 사망률 3위다. 알코올은 WHO의 1급 발암물질이다. 또 '만성 자살병'을 일으키는 '법적 허용 마약'이다.

음주→심적 안정→중독회로 강화 '악순환'

'어린 왕자'가 별에서 주정뱅이에게 이야기한다. "왜 술을 마셔요? 잊으려고. 무엇을 잊으려고요? 부끄러움을 잊으려고. 왜 부끄러운데요? 술을 마신다는 것이."

프랑스의 소설가 생텍쥐페리의 '어린 왕자'에 나오는 얘기다. 알코올

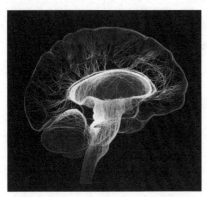

중독의 전형적인 악순환 패턴이다. 마시면 슬픈 기분이 금방 사라지는 '보상'이 반복되면 뇌의 '보상심리'회로, 즉 중독회로가 점점 튼튼해진다. 올해 7월 권위 있는 과학 전문지 '네이처Nature'지에 실린 논문에 따르면 반복된 뇌의 전기 자극은 실제로 그 지역의 신경세포(뉴런) 사이의 연결고

뇌의 신경연결도. 한잔의 음주로 기분이 좋아지는 '보상'회로가 견고해지면 알코올 중독에 빠지기 쉽다.

리(시냅스)를 점점 많이, 강하게 만든다. '세 살 버릇 여든 가는 이유'가 눈으로 확인된 셈이다.

한번 완성된 알코올 중독 회로는 뿌리가 깊다. 10년 간의 음주 생활을 청산하고 20년 간 잘 버텨왔던 로빈 윌리엄스도 우연히 찾은 한 가게에서 마신 '잭 다니엘' 위스키 한잔으로 다시 폭음이 시작됐다고 고백했다. 끊은 것이 아니고 참고 있었던 것이다.

폭탄주는 '빨리, 같이 취하자'는 한국형 폭음 형태다. 다행히도 최근엔 대기업을 중심으로 폭탄주 회식 대신 음악회를 가는 일도 늘어났다고 한다. 강요된 폭음으로 인한 개인의 건강 악화와 국가 GNP의 4%에 해당하는 음주관련 손실은 이제 없어지거나 최소화해야 한다. 술을 사신·망신 이전의 보신補身 수준에만 머물도록 하는 사회가 선진국이다.

03

인디언 정복한 백인, 그 백인을 정복한 인디언 담배
두 얼굴의 담배

"흡연도 유전이 되는 가?"라고 묻는 지인의 표정이 굳어있다. 골초로 유명한 영국의 처칠이나 중국의 마오쩌둥毛澤東도 91세, 83세까지 장수했다는 기록을 보물단지처럼 갖고 다니던 애연가愛煙家의

인디언들이 유럽 정복자들에게 평화의 상징인 파이프 담배를 권하고 있다(1621년).

표정이 꽤나 심각하다. 고등학생 아들의 가방에서 담배를 발견한 것이다. 본인은 일찍 담배를 배웠으면서도 아들은 흡연을 시작하지 않았으면 해서 초등생 아들에게 나름 '충격요법'을 써서 성공했다고 믿던 그였다.

충격요법은 이랬다. 먼저 실험용 생쥐를 물속에서 헤엄치게 했다. 보통 쥐는 물에서 한참을 떠 있는 반면, 담배연기를 맡고 수영을 하던 놈은 몇 초를 견디지 못하고 허우적거리더니 꼬르륵 꼬르륵 가라앉고 말았다. 그 생생한 광경에 놀란 초등생 아들은 '나는 절대 담배 안 피우겠다'고 스스로 맹세했다는 것이다. 그런 아들이 고등학생이 되자 보란 듯이 담배를 시작했으니 "애비가 담배를 피워서 그런가" 걱정이 돼 흡연의 유전 여부를 물어본 것이다.

담배 피우는 부모 밑에서 자란 아이들이 커서 흡연자가 될 확률이 비非흡연 부모를 둔 아이보다 세 배나 높다는 연구결과가 나와 있다. 게다가 사람마다 니코틴의 맛을 느끼는 DNA(유전자) 종류가 조금씩 다르다는 연구결과도 제시됐다. 이는 결국 아이가 골초가 되는 것이 부모 탓이란 얘기다.

그렇다면 아들 가방 속의 담배를 보고 실망하던 친구는 자책 대신 골초였던 할아버지를 원망해야 할 판이다. 국내 청소년들의 흡연율은 지난 10년간 줄지 않고 있다. 니코틴을 증기로 흡입하는 전자담배를 사용하는 중·고교생이 무려 열배 가까이 늘었다. 이 전자담배가 금연에 도움을 주기는커녕 오히려 흡연을 부추긴다는 연구결과가 최근에 나왔다.

건강의 최대 적敵인 담배, 이로부터 우리 아이들을 지킬 방법은 없는가.

전자담배에서 새 발암 물질 생성돼

마오쩌둥은 "담배를 피우면 머리가 맑아지고 정신이 집중돼 일에 몰두할 수 있고 또 내뿜는 담배연기를 보면 마음이 가라앉고 평화로워진다"

고 했다. 흡연의 시조인 인디언들은 감사의식 때 파이프 담배를 피웠다. 1492년, 스페인의 콜럼버스는 담배를 보는 순간 돈벌이가 될 것 같은 예감이 들었다. 그는 만병통치 효과가 있다는 과대 선전과 함께 담배를 퍼뜨렸다.

당시 신무기와 두창(천연두)을 앞세워 아메리카 인디언들을 몰살시킨 유럽 문명에 대한 인디언들의 저주일까? 현재 지구촌 남성의 반이 피워대는 담배는 성인 사망원인 중 으뜸이다. 인디언들의 '감사의 담배연기'가 이제는 '죽음의 연기'가 돼 성인·청소년의 건강을 위협하고 있다.

인디언 담배가 건강에 이롭다'고 전한 1907년 광고.

담배에 든 599종의 첨가제들이 타면서 벤젠·포름알데히드 등 69종의 발암물질이 나온다. 흡연은 인체의 모든 장기에 악영향을 미치는 직격탄이다. 20대 젊은 남녀가 80세까지 건강하게 살 확률이 70%인데 담배를 무는 순간 그 장수확률이 35%로 준다.

흡연은 암 억제 DNA까지 망가뜨린다. 2013년 '미국 임상종양학지'에 실린 삼성서울병원의 연구결과에 따르면 국내 폐암환자의 96%에서 유전자 변형이 확인됐다. 변형된 곳의 80%가 하필 암 발생억제 유전자(TP53)다. 생활하다가 '이상한 세포'가 한둘 생기더라도 암 발생억제 유전자가 없애줬는데 담배연기는 이곳을 집중적으로 망가뜨려 암을 발생시킨다. 유전자가 망가지면 치료해도 원래의 정상 DNA로 돌아갈 수 없어서 그만큼 치료가 힘들다.

폐암·심혈관 질환·고혈압 등 많은 병의 원인이 담배연기 속의 발암물질이다. 이런 이유에서 전자담배는 덜 위험하다고 선전·시판됐다. 즉 전지를 이용해 니코틴 용액을 증발시키면 니코틴만 폐로 갈뿐 발암물질이 담긴 연기는 생기지 않아 기존의 담배보다 훨씬 안전하다고 했다. 전자담배가 금연에 도움을 준다는 광고도 등장했다. 이런 광고에 힘입어 전자담배는 출시 이후 시장이 급성장했다. 매출액이 4년 새 25배나 뛰어오른 2조원에 달했다. 10년 내에 일반 담배 전체보다 시장규모가 커질 것으로 예측되기도 했다.

하지만 이런 광고와는 다른 연구결과들이 최근 속속 발표되고 있다. 2014년 '국제 청소년건강학회지'에 의하면 한국 청소년 7만 명을 조사한 결과 전자담배가 흡연율을 낮추지 못했다. 대부분은 전자담배와 기존의 담배를 동시에 피웠다. 전자담배를 이용하기 시작한 학생이 9배나 늘었다.

전자담배는 청소년에게 담배를 쉽게 접하게 하고 금연엔 별 도움을 주지 않는다.

금연 성공, 니코틴 수용체 복구에 달려

지금은 메이저 담배회사들까지 뛰어든 전자담배는 기존 담배와는 달리 무엇을 섞어도 관계기관이 규제하지 않는다. 그래서 제조업체들은 청소년이 좋아하는 향료를 섞기도 하고 니코틴 액을 증발시키는 전기량을 늘려서 첨가제들이 더 잘 날아가도록 했다. 그 결과 '카보닐'계열의 새로운 발암물질이 생성됐다. 게다가 니코틴 액이 증발할 때 생기는 초超미세입자들은 기존 담배처럼 40% 이상 폐에 축적됐다. 전자담배 증기를 항생제에 잘 견디는 세균에 쬐였더니 세균들의 항생제에 대한 내성耐性이 더 강해졌다.

당초 전자담배가 금연禁煙을 도울 것으로 기대한 것은 니코틴만 몸에 공급하면 중독성이 다소 적을 것으로 판단해서였다. 하지만 한국·미국 청소년 모두 담배를 줄이거나 끊기는커녕 전자담배로 인해 오히려 담배와 친숙해지는 것으로 나타났다. 한마디로 말해 전자담배도 해롭다. 전자담배도 니코틴 중독에서 벗어나게 하진 못한다. 담배에서 발암물질 이상으로 무서운 것은 바로 니코틴 중독이다.

"담배를 끊은 사람에겐 딸을 주지 마라"는 말은 딸을 주고 싶지 않을 만큼 심성이 독한 사람만이 담배를 끊는다는 얘기다. 그만큼 담배 끊기가 어렵다. 니코틴이 함유된 일반 담배·전자담배·담배 껌은 모두 니코틴 중독을 일으킨다. 니코틴 중독이 생기는 것은 마약인 코카인·아편에 중독되는 이유와 같다. 담배 연기와 함께 폐 속으로 전달된 니코틴은 폐肺 혈관에 흡수돼 두뇌 앞부분의 신경세포로 전달된다. 이어 니코틴은 신경세포의 니코틴 수용체receptor에 찰싹 달라붙어 도파민을 분비하게 만든다. 도파민은 기쁨의 호르몬이다. 사랑할 때 나오는 이 호르몬은 우리를 즐겁게 만든다. 니코틴이 작용하는 곳은 뇌의 '쾌락중추'다.

원숭이에게 같은 부위를 자극하는 전극의 스위치를 쥐어주면 죽어라고 스위치를 누르다 결국 죽고 만다. 원숭이의 뇌에 붙인 전극처럼 어떤 행동에 대한 보상, 즉 쾌락이 빨리 올수록 중독이 잘 된다.

마침내 그림을 완성한 화가의 뇌에선 도파민이 분비돼 쾌락을 느낀다. 하지만 이런 보상을 받는 데 시간이 오래 걸려 중독이 안 된다. 이와는 달리 담배는 피운 뒤 10초 만에 니코틴이 뇌에 도달해 도파민을 생성시킨다. 담배를 입에 물면 바로바로 쾌락을 얻는 것이 담배의 유혹에서 빠져나오기 힘든 이유다. 담배가 '죽음의 쾌락 전극'인 셈이다.

흡연한 지 오래 된 사람의 니코틴 수용체는 비틀려 있다. 비틀린 수용체에 니코틴이 붙지 않으면 금단禁斷현상, 즉 마음이 불안해지고 심장이 쿵쿵거리고 머리가 아파 온다. 밤새 니코틴이 분해돼 혈중血中 니코틴 농도가 낮아지면 수용체에 니코틴이 붙지 않게 된다.

약효 강력한 금연약은 '자살' 부작용

흡연 초짜인 경우는 수용체가 정상 모양이어서 별 문제가 없다. 그러나 골초들은 수용체가 비틀려 있어서 금단현상을 경험한다. 또 니코틴에 중독된 뇌에서 니코틴이 부족할 때 나오는 물질CRF도 금단현상을 유발한다. 새벽에 일어나자마자 빈속이라도 담배를 물어야 하는 것은 밤새 떨어진 혈중 니코틴을 급히 보충해야 하기 때문이다. 이때 방 안에 남은 담배가 없다면 재떨이라도 뒤져서 꽁초에 불을 붙인다.

니코틴 수용체는 여러 종류의 부속물로 구성돼 있다. 사람마다 부속물의 종류가 다르다. 담배를 끊으려면 니코틴 중독으로 비틀린 수용체를 원 상태로 복구시켜야 한다. 수용체가 원래의 정상 모습으로 돌아오는데 걸리는 시간이 4~8주다. 새해의 금연결심이 대개 작심삼일作心三日로 끝나는 것은 금연 후 48시간이 금단증상의 피크이기 때문이다.

니코틴 중독은 단순히 수용체가 비틀린 것보다 훨씬 뿌리가 깊다. 담배를 피울 때의 분위기, 즉 머리에 꽂힌 '필feel'도 함께 저장되기 때문이다. 예컨대 석양이 지는 울릉도 해변에서 소주 한잔과 함께 입에 물었던 필자의 첫 담배의 기억은 40년이 지난 지금도 생생하다. 석양에 해변을 거닐거나 감탄사가 절로 나는 풍경 앞에 서거나 소주 한잔이 들어가면 수년간 끊었던 담배 생각이 간절해진다. 만약 기억에 남는 흡연 장면의 '필'이 매일 반복된다면 중독이 더 심해진다. 기억까지 저장된 담배는 끊기 힘들다.

강력한 금연약인 '챔픽스'의 사용설명서에 표시된 부작용이 '자살'이다. 니코틴이 수용체에 달라붙어야 도파민이 생성된다. 이 금연 약은 니코틴보다 20배 강하게 수용체에 먼저 달라붙는다. 따라서 이 약을 복용하면 담배를 피워도 니코틴이 수용체에 붙지 않아 도파민이 생성되지 않는다. 당연히 담배를 피워도 맛이 없고 밋밋하다. 도파민이 생성되지 않으니 세상 살맛이 없어지고 우울해지며 심하면 옥상에서 뛰어내리게 만든다. 끊고 싶지만 하루 만에 다시 피는 사람이 절반이고 금연성공률이 3%인 이유는 건물 지붕에서 뛰어내리고 싶은 이런 금단현상 탓이다.

한국은 니코틴 중독으로 인해 성인남자의 반이 담배를 피워 경제협력개발기구OECD 내 '흡연챔피언'이라는 불명예를 고수하고 있다. 미국의 소설가 마크 트웨인은 "담배 끊긴 아주 쉽다. 나는 무려 백번이나 끊었다"고 했다. "금연에 성공한 사람은 없다. 다만 평생 참고 있다"고 할 만큼 니코틴 중독은 마약만큼 절연切緣이 힘들다. 처음부터 발을 들여놓지 않는 것이 상책이다.

통계에 따르면 많은 청소년들이 고교 시절에 흡연을 시작한다. 호기심 · 사춘기 · 입시가 맞물려 니코틴 중독의 길로 발을 디딘다. 부모가 흡연하면서 자녀들에게 금연을 강조할 순 없다. 초등학교부터 담배의 무서움을 교육해야 한다. 이제 담배연기는 더 이상 인디언들이 하늘에 기원하는 기도가 아니다. 신대륙 발견 과정에서 아메리카 인디언들에게 저지른 피의 대가는 그동안 폐암으로 인한 수많은 죽음으로 충분하다. 말랑말랑한 아이들의 뇌를 누런 색 담배 니코틴으로 물들게 해서는 안 된다. 어른들이 나서야 할 때다.

04

이상화 같은 허벅지 만들면 뚱뚱해도 장수 문제없다
장수의 지름길

　뉴욕의 타오 푸춘린치 여사는 현역 요가강사다. 해마다 라틴댄스 대회에도 출전한다. 그녀의 나이는 올해 95세다. 튼튼한 다리 근육을 갖고 있기 때문에 빠른 박자의 라틴 음악에도 경쾌하게 온몸을 움직일 수 있다. 댄스는 두뇌와 근육이 척척 맞아야 '휙'하고 몸을 돌릴 수 있어서 두뇌도 건강해야 한다. 운동, 특히 근육이 건강의 버팀목임을 보여주는 좋은 사례다.

　올해 소치 겨울올림픽에서 인상 깊었던 장면은 이상화 선수의 23인치 허벅지다. 웬만한 여자의 허리와 맞먹는 근육은 특히 단거리에서 폭발적인 힘을 내게 해준다. 반면에 마라톤선수의

2014년 소치 겨울올림픽 스케이트 500m 금메달리스트 이상화 선수.

몸은 마른 장작을 연상하게 한다.

어떤 유형이 건강 장수에 도움이 될까? 운동선수는 과도한 운동으로 오히려 수명이 짧아진다는 설도 있는데 근육이 정말 필요할까? 필요하다면 매일 걷기를 해야 하는지 아니면 무거운 아령으로 근육을 키워야 하는지? 이런 고통스러운 방법 외에 다른 묘수는 없는가? 어떤 방법으로 급격히 몸이 변하는 중·장년에게 '100세 장수'의 꿈을 이루게 할 수 있을지 궁금하다.

UCLA 의대, 근육과 수명관계 연구

필자의 건강검진 성적표엔 늘 '과過체중'이란 경고가 붙어 있다. 비만의 지표로 쓰이는 체질량지수BMI, 즉 자신의 체중 (kg)을 키(m)의 제곱으로 나눈 값이 23.5로 정상(18.5~22.9) 범위를 벗어나 과체중(23~24.9)에 해당하기 때문이다. 성적표를 볼 때마다 '정상 체중'으로 되돌리려고 아예 밥의 반을 덜어놓고 식사를 시작한다. 하지만 최근의 소식은 마음 편하게 한 공기를 먹게 했다.

로댕의 '생각하는 사람'의 근육.

미국 UCLA 의대 연구팀은 올해 '미국 의학잡지'에 체중이 아닌, 근육량이 수명을 결정한다고 발표했다. 55~65세 남녀 3659명을 조사한 결과 기존의 비만지표인 BMI가 실제 수명과 연관성이 별로 없는 것으로 드

러났다는 것이다. 이보다는 근육량 지수, 즉 근육량(kg)을 키(m)의 제곱으로 나눈 값이 훨씬 더 정확하게 수명과 비례한다고 발표했다.

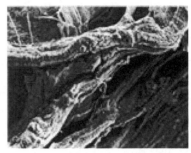

몸의 중심을 지탱하는 허벅지 근육 섬유.

근육이 많은 사람이 오래 산다는 얘기다. 실제로 체질량지수가 정상 체중 범위라고 분류된 미국 성인의 24%가 대사代謝 건강상 문제가 있었다. 따라서 '체중이 정상 범위이니까 건강하다'고 말할 수 없다. 이 연구결과에 고개를 끄떡이게 되는 것은 두 유형의 사람들이 눈에 띄기 때문이다. 한 유형은 체중은 적게 나가지만 내장지방은 많은, 소위 '마른 비만'인 사람들이다. 특히 일부 젊은 여성들이 이런 '마른 비만'에 속하고 실제로 이들의 건강 문제가 심각하다.

이와는 반대로 체중으론 '과체중'이지만 근육이 충분히 있는 사람은 실제로 오래 산다. 따라서 체중을 기준으로 산출한 BMI를 건강 지표로 삼기는 곤란하다. 이제 병원이나 건강센터에선 체중 대신에 근육량을 측정한 비만 도표를 걸어놓아야 할 것 같다. 근육량 측정은 그리 복잡하지 않다. 체지방 분석용 저울에 올라서면 1분 이내에 근육·지방량 등을 분석해 준다. 가정용 분석 저울도 구입 가능하다. 물론 더 정확한 측정을 위해선 병원의 CT를 이용할 수 있다. 근육이 많을수록 장수한다고 하니 이제라도 근육을 늘려야겠다.

그런데 근육을 키우려면 매일 1시간씩 한강변을 걸어야 하나, 아니면 헬스장에서 무거운 역기를 들어야 하나? 어떤 근육을, 어떻게 단련해야 하는지 궁금하다.

근육 늘어나면 골다공증도 멀어져

지난해 12월, 빙판길에서 넘어져 119를 부른 횟수가 서울시에서만 3000건이다. 빙판길 낙상뿐 아니라 일단 넘어지면 노인에겐 치명적이다. 근육은 매년 1%씩 줄어 80세가 되면 30세의 절반이다. 줄어들고 약해진 근육 때문에 집 안에서도 쉽게 넘어진다. 나이 들면 골밀도마저 떨어져 한번 넘어지면 바로 골절이 된다. 뼈가 부러지면 잘 붙지도 않아서 대퇴부 골절 노인 환자의 27%가 1년 이내, 80%가 4년 내에 사망한다.

일본 정형학회 자료에 따르면 일본 노인의 사망 원인 중 암·노환에 이어 3위가 골절일 만큼 골절은 '대단히' 위험한 사고다. 최선의 골절 예방책은 넘어지지 않는 것이다. 우선 몸의 중심부인 허리와 다리를 지탱해 주는 허벅지 근육 같은 큰 근육, 소위 '코어core 근육'을 튼튼하게 유지해야 한

건강의 바탕은 근육이다.

다. 몸의 근육은 세포다. 근육 운동을 하면 세포 수가 증가해 근육량도 늘어나지만 근육의 힘도 강해진다. 근육의 힘, 예를 들면 손아귀의 힘(악력)이 센 사람들이 오래 산다는 통계는 근육이 바로 건강이란 방증이다.

무작정 굶으면 근육만 빠져 역효과

넘어지지 않도록 근육의 힘을 키우는 데는 짧고 강한 자극을 근육에 주는 것이 좋다. 순간적인 힘을 내는 근육, 소위 '속근'을 생기게 하는 데는 오래 걷기 같은 낮은 강도의 운동보다 무거운 역기를 잠깐씩 올렸다 내리는 고髙강도 근육운동이 더 효과적이란 말이다. 굳이 헬스센터를 갈 필요도 없다. 대퇴부나 허벅지의 큰 근육을 키우는 데는 말 타기 자세가 그만이다. 그 자세에서 앉았다가 일어나는 반복 운동만으로도 허벅지를 이상화 선수처럼 만들 수 있다. 계단을 오를 때도 허리를 꼿꼿이 한 채로 무릎을 앞으로 내지 않고 오르면 허리와 허벅지 근육이 발달한다. 이렇게 근육이 늘어나면 뼈의 양도 늘어나고 단단해져서 골다공증이 예방된다. 노화는 다리에서부터 온다. 튼튼한 허리·허벅지 근육이 건강의 첩경이다.

필자는 며칠 전 갑작스러운 배탈로 3일간 제대로 먹지 못했다. 덕분에 체중이 4kg이나 줄어서 예정에 없는 다이어트를 한 셈이 되었다. 하지만 뱃살이 줄기보다는 그나마 있던 다리의 근육이 홀쭉해졌음을 발견했다. 먹을 것이 줄어든 비상 상황에서 몸은 '보통예금'에 해당하는 근육의 에너지를 먼저 쓰고 '정기예금'인 지방 에너지는 나중에 사용한다. 따라서 지방을 없애려고 음식 섭취를 갑자기 줄이면 근육만 빠진다. 우리 몸은 원래 몸무게로 돌아가려는 경향이 강해 몸이 눈치 못 채게 매일 조금씩 음식량을 줄이고 운동으로 근육을 키워놓아야 '요요'없이 성공적으로 뱃살을 줄일 수 있다.

날씬한 몸매보다 더 중요한 근육의 역할은 성인병을 예방하는 능력이다. 성인병은 '죽음의 4중주'라고 불리는 비만·당뇨·고지혈증·고혈압이다. 이 모든 것의 시작은 과식과 운동 부족에서 오는 잉여 칼로리다. 남는 칼로리는 고에너지의 지방으로 복부에 저장된다. 비만의 시작이다. 혈관 속에 녹아드는 지방은 인슐린의 기능을 방해해 혈중 포도당의 세포 내 흡수를 막아 혈당을 높인다. 2형 당뇨병의 시작이다. 당뇨병은 '나쁜 콜레스테롤'인 LDL 콜레스테롤의 혈중 농도를 더 높여서 이미 과잉 칼로리로 인해 높아진 혈중 콜레스테롤 수치를 더 높인다. 고지혈증의 시작이다. 고혈압과 고지혈증은 '죽음의 4중주'의 '피날레 펀치'를 날린다. 뇌졸중·심장마비다. 이런 성인병의 위험에서 벗어나는 방법은 극히 간단하다. 적게 먹고 많이 움직여 남아도는 칼로리가 지방으로 쌓이는 것을 사전에 막으면 된다.

국가대표 선수들은 4년 후의 올림픽 금메달을 위해 무거운 역기를 들어 삼두박근을 키운다. 이들은 분명한 목표가 있어서 힘든 근육 운동도 이를 악물고 참는다. 일반인들은 오직 건강과 몸매만을 위해 무거운 역기를 들어올려야 한다.

하버드 의대, 지방분해제 동물 실험

힘든 운동 대신 더 쉽게 지방을 태우는 방법이 없을까? 놀랍게도 가능하다. 지방을 운동 없이 줄일 수 있는 방법을 미국 하버드대학 의대 연구진이 발견해 2014년 유명 과학 잡지인 '세포 대사Cell Metabolism'에 발표했다. 발견한 물질은 아미노산 유도체Beta Amino Iso Butyric Acid다. 운동하는 근육세포가 지방세포에 '스스로 타 버려!'라고 명령하는 신호물질이다. 우리 몸의 지방 덩이는 살아 있는 세포 덩어리다. 스스로 태울 수 있는 '보일러'인 미토콘드리아를 많이 가진 지방은 갈색이고 '보일러'가 별로 없는 백색 지방은 단순 저장 창고다. 태아는 갈색 지방을 갖고 있지만 성인은 불행히도 모두 백색 지방이라 스스로 태워서 없앨 수 없다. 그런데 하버드대 의대팀이 발견한 물질은 백색 지방을 갈색 지방으로 바꾸어 스스로 타 버리는 '지방 소각용 알약'인 셈이다. 게다가 이 알약은 간에서 지방산酸도 분해시켜 온몸에서 지방을 싹쓸이 청소한다.

이 알약을 쥐에게 먹였더니 지방이 30% 줄었다는 사실은 알약 하나로 뱃살을 줄일 수 있다는 희소식이다. 더구나 알약 하나를 먹으면 말을 안 듣던 인슐린마저 고분고분해져서 제 업무(혈당 낮추기)를 제대로 수행한다. 즉 인슐린 저항성이 없어져서 혈당을 낮춘다니 신통한 일이다. 이 알약은 사람에게도 적용 가능할 것이다. 이 물질이 혈액 내에 많은 사람일수록 혈당 · 인슐린저항성 · 콜레스테롤이 적은 '건강한' 상태였다. 이 결과대로라면 고통스럽게 운동을 해서 뱃살의 지방을 빼지 않아도 '지방 청소 알약' 한 알만 먹으면 지방을 줄이고 뱃살이 금방 줄 수 있다. 사람을 대상으로 한 임상연구 결과가 기대된다. 그 결과가 나오기 전까지는 지방 태우는 효과가 검증된 근육 움직이기, 즉 운동을 하자.

95세 라틴댄스 선수인 타오 푸춘린치 할머니는 말한다. "오래 살기 위해서 운동하지는 않는다. 라틴댄스를 배우는 그 도전 자체가 즐거워서 한다." 하버드대학이 발명한 알약 하나를 먹고 오래 살 수도 있지만 이왕이면 라틴댄스로, 아니면 강변을 달리는 자전거 타기로 즐겁게 오래 살자. 인체의 근육을 가장 잘 묘사한 조각가인 로댕은 "위대한 예술가는 근육이나 힘줄, 그것 자체를 위해서 조각하진 않는다. 그들이 표현하는 것은 전체다"라고 말했다. 우리에게 중요한 '전체'는 수명의 '길이'가 아닌 수명의 '깊이'가 아닐까?

05

인간 수명 170세, 포도 씨·껍질 성분 속에 답이 있다
장수의 두 가지 열쇠

전화를 받던 친구가 벌떡 일어
선다. 장인이 돌아가셨다는 말을
들어서다. 오늘 오전까지도 자전
거로 동네 노인정에 다녀왔다는
어르신은 올해 90세, 그 마을의 최
장수자이다. 노인정에서 장기 훈

물에 담그기만 해도 젊어진다는 '청춘의 샘'.
(독일 화가 루카스 크라나흐의 1546년 작품)

수를 두던 이야기를 가족과 하고 소파에서 잠든 것이 마지막이었다. 한국
인의 현재 평균수명이 80세이니 어르신의 경우는 보통 사람보다 10년을
더 산 셈이다. 마지막 날까지 병으로 앓지 않고 살았으니 이보다 더 '행복
한 죽음'은 없는 셈이다. 하지만 이제 80세 노인도 동네 노인정에선 '동
생' 취급을 받을 만큼 평균수명이 늘어났다.

'99, 88, 23, 4 !' 작년 송년회 모임에서의 건배사다. '99세까지 팔팔하게 살다가 2, 3일 만에 사망하자'라는 이 외침은 말년의 건강을 걱정하는 노년층의 공통된 희망사항이다. 99세가 가능할까? 50년 전 한국인의 평균 수명은 52세, 지금은 78세로 50%나 연장됐다. 하지만 실제 수명의 절대치가 올라간 것은 아니다. 의학이 발전하고 위생시설이 개선돼 과거엔 병으로 일찍 죽던 사람들이 줄어들어 전체 평균 수명이 늘어난 것이다. 미국 통계청의 평균 인간수명 예측은 2075년 86세, 2100년 88세다. 이룰 수 있는 최대 평균수명을 90살로 예상했다. 평균 수명이 늘어나면 최대 수명, 즉 최장수인의 나이도 올라간다.

과학은 인간의 최대 수명을 몇 살까지 연장시킬 수 있을까? 현재까지의 공식 최장수기록인 프랑스의 잔 클레망(1875~1997년) 할머니의 122살을 넘어선 150살 장수기록이 나올까? '150년 후에 그 결과를 보자'면서 각각 150달러를 내기에 건 두 괴짜 교수가 있다. 150년 후 150달러는, 주식 시장만 순항이라면 5000억원이 된다. 이런 횡재를 할 사람이 어느 쪽 후손일지 흥미롭다. '예'에 돈을 건 미국 텍사스대학 스티븐 오스태드 교수는 2012년 미국 '샌안토니오'신문기사에서, '내가 이길 것'으로 확신했다. 동물의 장수유전자 연구 학자인 오스태드 교수는 인위적으로 노화를 막아 인간수명을 150세까지 연장시키는 노화방지약이 곧 나올 것으로 예측했다. 즉 마시거나 담그기만 해도 젊어진다는, 전설 속에나 있는 '청춘의 샘'을 찾을 수 있다는 주장이다. 반면 '아니오'에 돈을 건 미국 일리노이대학 스튜어트 올산스키 교수는 "인간은 늙어서 죽도록 프로그램돼 있다"며 "최대한 오래 살려고 노력해봐야 기껏 3년 정도 늘릴 뿐이지 현재의 120세 장벽을 넘을 수 없다"고 주장했다. 따라서 '예'가 이길 방법은 오직 신神의 도움을 받는 것뿐이라며 인간수명 150세 불가를 자신했다. 하지만 최근 신이 '예'에 화답하는 연구결과들이 속속 발표되고 있다. '예'측에 힘을 실어준 연구들을 요약하면, 세포의 '보일러' 연료를 줄이고 세포 내 통신을 원활하게 작동시키는 것이 장수의 열쇠다.

선충 유전자 조절해 수명연장 실험 성과

2013년 5월 세계 권위의 과학 학술지 '네이처'엔 세포의 미토콘드리아에서 장수유전자를 찾아냈다는 스웨덴 학자들의 연구논문이 실렸다. 미토콘드리아는 신체의 연료인 포도당을 태워서 에너지를 만드는 세포 내 '보일러'다. 이 '보일러'의 연소 속도를 줄이는 것이 장수의 첫째 방법이다. 연구팀은 포도 껍질과 씨앗에 많이 함유된 항抗산화 성분인 레스베라트롤을 사용해서 '보일러'의 연소 속도를 낮춰봤다. 실험에 사용한 선충(1mm 크기의 작은 벌레로 장수연구에 많이 쓰임)의 수명이 60%나 연장됐다. 이 장수유전자는 선충뿐만 아니라 인간을 포함한 대부분의 동물이 갖고 있으므로 이 결과는 사람에게도 적용 가능하다. 선충의 60% 수명 증가를 사람에 대입하면 150세를 훌쩍 넘어선 170세까지 수명 연장이 가능하다는 말이다. 50세에 숨진 중국의 진시황이 벌떡 일어날 만한 연구결과이다. 진시황이 불로초를 찾으려고 샅샅이 조사한 대상은 무수한 약초들이다. 반면 스웨덴 연구진은 365~900일의 다양한 수명을 가진 실험용 쥐들의 유전자 정보를 정밀 조사했다. 이 쥐들이 보유한 480만 개의 유전자 정보를 조사해 장수 관련 유전자 세 개를 발견했다. 그리고 이 유전자

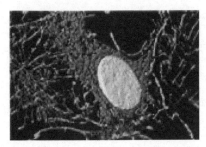

세포의 '보일러'인 수백 개의 미토콘드리아(붉은 색). '보일러'의 연소 속도를 줄이는 것이 장수 지름길이다. 노란색이 세포의 핵, 푸른색이 세포의 골격이다.

를 조절하면 실제로 수명이 늘어난다는 것을 선충을 사용해 확인했다. 놀랍게도 세 개 장수유전자들은 우리가 섭취한 음식을 분해해 에너지를 내는, 즉 에너지 대사와 관련된 유전자였다. 음식을 통한 에너지 섭취를 줄이면 세포에 두 가지 혜택이 돌아온다. 하나는 '보일러'의 연소 속도가 느려져 몸에 해로운 부산물이자 노화의 주범으로 일컬어지는 활성(유해)산소가 덜 생성된다. 다른 하나는 먹거리가 부족한 위기 상황임을 감지한 세포들이 '보일러'의 효율을 최대로 높이기 위해 온갖 방법을 동원한다. 먹을 것이 부족한 환경에서 살아남는 법을 몸으로 직접 터득한 사람이 더 오래 산다는 얘기다.

이 연구의 흥미로운 점은 에너지를 줄이는 '자극'은 어릴 때 받아야 효과적이지, 성인이 돼서는 '약발'이 떨어진다는 것이다. 장수도 조기 교육이 필요한 셈이다. 포유류를 비롯한 동물의 경우 음식 섭취량이 적을수록, 다시 말해 대사속도가 느릴수록 수명이 길다. 사람의 경우도 마찬가지여서 세계 장수지역 100세 이상 장수노인들의 첫 번째 공통점이 소식小食이다. 하지만 소식은 상당한 인내가 필요하다. 한 알만 먹으면 장수유전자를 자극해 소식할 때와 같은 효과를 제공하는 '장수 알약'은 없을까? 스웨덴 연구진이 '장수 물질'을 찾았다. 포도에 든 레스베라트롤을 선충에게 먹였을 때 실제로 수명이 연장된다는 것을 보여준 연구는 이번이 처음이다. 게다가 이런 방법으로 수명이 연장된 경우 건강상태도 나아져 나이가 들어서도 근육이 튼튼하게 유지된다. 즉 100세에도 앉거나 누워만 지내지 않고 자전거를 타는 진정한 장수 노인이 탄생한다는 얘기다.

과다한 인슐린이 세포 쓰레기 양산

2013년 유명학술지인 '국립과학회지PNAS'와 '플로스PLoS'엔 인슐린이 제대로 일해야만 세포 내에 쓰레기가 쌓이지 않아 장수하게 된다는 연구 결과들이 발표됐다. 보일러 배관에 쓰레기가 쌓이면 보일러가 망가지거나 주춤거린다. 세포도 마찬가지다. 연료, 즉 음식이 좋아야 쓰레기가 덜 생겨 '씽씽' 돌아간다. 당糖이 금방 만들어지는 음식, 예를 들면 하얀 쌀밥·밀가루 등 흰색의 탄수화물은 혈액 속의 포도당, 즉 혈당을 빨리 높인다. 따라서 '혈당을 낮추는 호르몬'인 인슐린을 늘 많이 필요로 한다. 비非정상적으로 높은 인슐린은 세포 쓰레기를 만드는 메신저 역할을 한다. 인슐린 분비를 정상으로 돌리는 일이 장수의 두 번째 비결이라고 보는 것

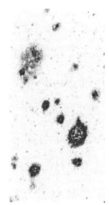 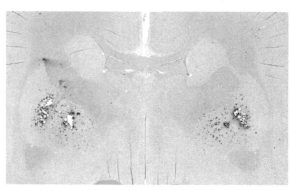

뇌의 '쓰레기'인 베타 아밀로이드가 쌓인 모습으로 치매의 원인이다.

은 그래서다.

포도당 등 단순당單純糖이 많은 식사를 한 쥐의 수명이 20%나 짧다는 연구결과는 당을 급히 높이는 식사가 단명短命의 주범임을 시사한다. 천천히 씹는 현미밥보다 '후다닥' 먹어치우는 흰 쌀밥이 혈당을 빠르게 높여 2형(성인형) 당뇨병이나 심혈관 질환 등 건강상 문제를 더 자주 일으킨다. 과잉의 인슐린에 의한 세포의 통신 불통이 생기는 곳은 '보일러'인 미토콘드리아뿐만 아니라 뇌·근육까지 포함된다.

반면 콩·씨앗·통밀·채소는 포도당을 천천히 얻게 한다. 또 식사를 적게 하면 낮아진 인슐린이 뇌에 신호를 보내서 세포 내의 '청소'유전자를 깨운다. 이 '청소'유전자들은 근육의 쓰레기를 없애고 근육을 회춘시켜 수명을 늘린다. 치매의 일종인 알츠하이머병도 뇌 세포에 '베타 아밀로이드'라는 비정상 쓰레기가 쌓여서 생긴다.

2013년 12월, 유명 학술지인 '셀 리포트Cell Report'엔 장수와 관련된 두 가지 열쇠, 즉 '보일러'(미토콘드리아)의 '불꽃'을 낮추고 인슐린 통신망을 보수하는 일을 동시에 하면 수명이 5배나 늘어난다는 연구결과가 소개됐다. 선충에서 수명이 5배 늘어나면, 사람은 400~500살까지 산다는 꿈같은 얘기다. 300년을 산다는 거북이가 놀라서 뒤집어질 숫자다. 이처럼 장수유전자는 하나가 아니라 두 개가 합쳐진 '세트set'라야 더 강력한 장수효과를 발휘한다. 122세까지 산 클레망 할머니의 예를 보자. 할머니의 5대 선조들은 모두 같은 지역의 다른 사람들보다 평균 10.5년 더 살았다. 이는 환경보다 유전자가 장수에 더 중요하다는 의미로도 풀이된다. 장수 노인들에게서 하나의, 결정적인 장수유전자를 아직 찾지 못했다. 장수유전자가 세트라는 방증이다. 장수유전자가 세트인 만큼 장수를 위한 대책도 복합처방이 효과적이다. 선충에서 얻은 결과에 불과할지라도 지금의 연구추세라면 인간 최고수명 150살이 가능하지 않을까? 150달러를 '예' 측에 배팅한 후손들이 즐거워할 일이다. 150살 노인은 마지막까지 건강하고 행복하게 살 수 있을까?

어릴 때부터 장수교육 해야 효과적

최대 수명이 150살까지 늘어나도 말년을 병원에서 '끙끙' 앓고 보낸다면 긴 수명이 그리 반가운 일만은 아니다. 친구의 장인처럼 생의 마지막 날까지 자전거를 타고 장기 훈수를 두며 소파에서 잠들듯이 삶을 마감하는 '행복한 죽음'을 누구나 원한다. 하지만 이런 자연사自然死는 국내의 경우 10% 이하에 불과하다. 대부분의 노인들은 만성질환·암 등으로 말년을 고통으로 보낸다. 한국보건사회연구원의 자료에 따르면 서울 시민의 평균수명은 80.4세인데 아프지 않고 사는 '건강수명'은 73.9세다. 마지막 6.5년은 병치레로 보낸다. 한국의 평균수명은 일본 등 경제협력개발기구 OECD 국가와 비슷하지만 병치레 기간은 더 길다. 소득이 낮을수록, 건강의료 기반이 나쁠수록 병치레 기간은 늘어난다. 소득의 차이가 병치레 기간을 좌우한다. 후진국의 노인들이 말년에 더 고생한다는 얘기다.

최대 수명이 120세에서 30년 늘어나면 인간은 그만큼 더 행복해질까? 아인슈타인은 상대성이론을 이렇게 설명했다. "사랑스러운 여인과의 30분 기차여행은 5분처럼 짧지만, 싫은 사람과의 5분 여행은 30분보다 길다." 오래 사는 것도 중요하지만 잘 사는 것이 더 의미가 있다는 것이 수

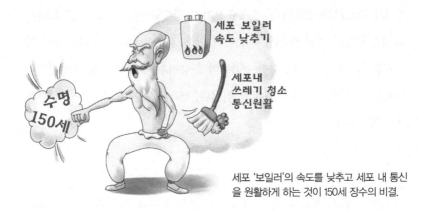

세포 '보일러'의 속도를 낮추고 세포 내 통신을 원활하게 하는 것이 150세 장수의 비결.

명의 상대성 이론이다.

골목에서 친구들과 구슬치기에 여념이 없던 아이도 엄마가 "이제 저녁이다. 그만 들어와 저녁 먹어야지"라고 부르면 흙을 털고 친구들과 아쉬운 이별을 해야 한다. 마지막 순간까지 제일 중요한 일은, 좋은 친구들과 잘 노는 것이 아닐까? 진정한 장수란 150살이라는 수명의 길이가 아니고 무엇을, 누구와, 어떻게 했는가 하는 수명의 깊이일 것이다.

06

비만·우울증까지 잡는, 참 기특한 배 속 유익균!
장내 미생물

　얼마 전에 대장 내시경 검사를 했다. 한국인의 암 발생률 3위를 차지한다는 대장암도 무서웠지만 맥주 한잔에도 쌀쌀해지는 아랫배가 영 신경이 쓰였기 때문이다. 병원 검사대에서 스크린에 비춰진 대장의 모습은 신기하기까지 했다. 검사를 위해 속을 비운 탓에 오늘은 저렇게 동굴처럼 텅 비었지만, 어제까지만 해도 그 속에 음식과 장내 미생물이 꽉 차 있었다는 것 아닌가. 스크린을 보면서 내 대장에 있는 장내 미생물들은 설사나 일으키는 적군은 아닌지, 아니면 아무거나 먹어도 비교적 살이 안 찌는 나의 '날렵한' 몸매를 지키는 숨은 아군인지 궁금했다.

　2013년 3월, 유명 과학저널인 '사이언스Science'에는 출렁이는 뱃살이 걱정되는 사람에게 귀가 번쩍 뜨일 만한 소식이 실렸다. 날씬한 쥐의 장내 미생물을 비만 쥐의 내장으로 옮겼더니 쥐의 체중이 비만에서 정상으로 돌아왔다는 것이다. 만약 이것이 사람에게도 적용될 수 있다면, S라인 몸매나 식스팩을 가진 TV 탤런트의 배 속 미생물을 내 배로 옮기기만 하면 힘든 다이어트 없이도 뱃살을 줄일 수 있다는 이야기가 된다. 남의 배 속 것을 빌려온다는 게 상쾌하지 않다면 내 배 속에서 살고 있는 장내 미생물 중에서 '좋은 놈'들은 계속 유지하고 '나쁜 놈'들을 쓸어 낼 수 있는 방법은 없을까?

날씬한 쥐 장내 미생물 비만 쥐로 옮겼더니

사람의 몸은 무려 70조 개의 세포로 이루어져 있다. 그런데 이보다 10배 많은 다른 세포들이 우리 몸에 동거하고 있다. 즉 피부, 장 등에서 붙어

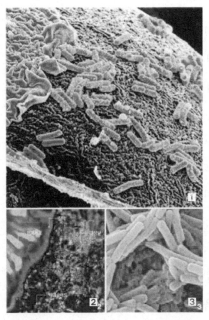

1 인체 장내 상피세포(자색)와 접하고 있는 장내 미생물(녹색).
2 장내 세균들((박테로이드(적색), 대장균(녹색)이 점막(청색) 속에 있는 인체세포(녹색))에 신호물질을 보내며 상호 소통하고 있다.
3 대표적 장내 유익균인 유산균의 전자현미경 모습. 발효음식(김치 요구르트) 등으로 장내에서의 수를 늘릴 수 있다. 한 마리의 실제 길이는 2㎛(㎛; 100만분의 1m).

사는 미생물이다. 그중 소화관 즉 위·소장·대장에 사는 미생물은 대부분 박테리아여서 장내 세균이라고도 부른다. 최근 이 장내 미생물들이 건강에 아주 중요한 일을 하고 있다는 것이 밝혀지면서 관심이 집중되고 있다. 그렇다고 이들을 무시해 왔다는 말은 아니다. 그동안은 이놈들이 어떤 녀석들인지 알아내는 기술이 턱없이 부족했었는데, 최근 이들의 유전자만으로도 정체를 밝히는 기술이 가능해져 연구가 급물살을 타고 있는 것이다.

장내 미생물의 유전자 분석 결과는 놀랍다. 사람의 대장 속에 사는 장내 미생물은 크게 세 가지다. 박테로이데스 문門, 프로보텔라 문, 루미노코커스 문이다. 이 세 종은 사람의 혈액형 같아서 나이, 남녀, 인종에 관계없이 크게 3분류로 나뉜다. 그래서 이제 병원에 가면 의사가 혈액형처럼 '당신의 장내 미생물은 무슨 형이냐'고 물을 날도 멀지 않았다. 3종의 문으로 구분되는 장내 미생물의 전체 종류는 1000종이 넘는다. 신기한 사실은 개인이 매일 같은 식사를 하고 환경이 크게 변하지 않는 한, 미생물의 종류나 수는 크게 변하지 않으며 또한 사람마다 각각 다른 종류의 장내 미생물을 가지고 있다는 것이다. 이제 개인별로 장내 미생물의 종류를 파악하면 그의 체질, 건강을 알 수 있을 정도가 된다. 개인마다 고유한 장내 미생물은 바로 그의 체질, 건강 상태와 직결되기 때문이다(사진 1).

내가 식사하면 나의 장내 미생물도 그 밥을 같이 먹는다. 할머니가 손자에게 밥을 먹이듯 '내 새끼'들에게도 밥을 먹이는 셈이다. 장내 미생물은 세 가지 중요한 일을 한다. 첫째, 대장으로 들어온 음식물 잔해를 추가 분해해서 영양분을 획득한다. 둘째로 외부에서 침입한 병원균, 예를 들면 식중독균 등을 자라지 못하게 한다. 셋째로 비타민 등 인체에 필요한 물질을 생산한다. 그런데 문제는 그들이 단순히 받아먹는 것만이 아니고 나의 건강에, 예를 들면 나의 허리 둘레나 동맥 혈관에 쌓인 혈전에, 심지어 나의 우울증에도 직접 관여한다는 사실이다. 최근 연구 결과에 따르면 동맥경화증을 앓는 사람 중에 세 번째 유형의 장내 미생물 타입을 가진 사람이 많은데, 이 타입에는 염증 유발 물질인 펩티도글리칸을 만드는 균이 많다. 이 균은 비만에도 관여한다.

2012년, 과학 잡지인 '네이처Nature'에 의하면 '지방 생성' 미생물, 즉 대장으로 들어오는 음식물에서 에너지를 뽑아내 지방으로 만드는 미생물의 종류가 많을수록 그 사람의 허리 둘레는 늘어나는 비만 증세가 나타났다. 비만 과정은 이렇다. '지방 생성' 미생물이 장 점막에 있는 세포의 문을 두드려 인체에 신호를 보낸다. 즉 TLRToll-Like-Receptor이라는, 세포의 대문에 해당하는 수용체에 신호를 보내면 신호를 받은 세포는 영양분을 지방으로 만들도록 세포에 지시한다.

즉 에너지원인 지방을 쌓아놓는 것이다. 나중에 먹을 게 떨어져 배고픈 때를 대비하는 것이 '생물'의 생존전략이다. 이 장내 미생물이 소장·대장에 있는 세포에도 비상시를 대비해 배 속에 지방을 쌓아놓으라고 꼬드긴 결과물이 결국 내장지방이다. 이 두 녀석들, 즉 장내 미생물과 세포들이 어떻게 연락을 주고받는지를 좀 더 정확히 밝힌다면 내장지방을 줄이는 방법을 알 수 있을 것이다(사진 2).

이런 대사 질환 외에도 2012년 '사이언스' 잡지에는 장내 미생물들이 인체면역에 중요하다는 사실이 실렸다. 즉 장내 미생물 중에는 인간의 면역세포, 특히 T세포를 활성화하는 '유익한 미생물'이 있고 이것이 적절한 선을 유지하지 않으면 면역에 문제가 생겨 대장염, 알레르기 등이 생기며 소아당뇨, 류머티즘 같이 자가면역질환, 즉 자기 세포를 적으로 오인해 공격하는 병이 발생한다는 것이다. 내 배 속의 '그놈들'이 없으면 속이 편할 줄 알았는데 오히려 내 몸의 면역력만 떨어진다니 '그놈들'이 귀중한 줄 알고 자식처럼 키워야겠다.

또한 2013년 뉴로사이언스Neuro science 저널에는 걱정이나 우울증에 장내 미생물들이 영향을 준다는 보고가 있었다. 즉 스트레스를 뇌로 전달하는 신경세포의 발달에 배 속에 있는 놈들이 관여해 세로토닌 같은 우울증 전달 호르몬을 조정한다는 것이다. 이렇듯 대사질환, 면역 그리고 정신건강에까지 내 배 속의 '그놈들'이 중요한 일을 하고 있다. 이제 '배 속의 놈들'이란 말 대신 '나의 파트너'라고 격상시켜야겠다.

장내 미생물은 우리 몸의 건강(비만, 동맥경화, 우울증) 등과 밀접한 관계가 있다.

항생제 과용하면 장내 유익균 못 살아

날씬한 쥐의 장내 미생물을 뚱뚱한 쥐의 대장으로 옮겼더니 똑같이 먹고도 체중이 줄고 비만의 다른 부작용이 감소했다는 이야기는 우리에게 '좋은 장내 미생물들을 잘 키워 볼까' 하는 욕심이 생기게 한다. 특히 유아의 경우 초반에 좋은 미생물이 장에 자리를 잡는 게 건강에 중요하다. 태아가 엄마 배 속에 있을 때는 장내에 미생물이 하나도 없다. 출생 후 아이가 먹는 우유가 모유냐 분유냐에 따라 장내 미생물 종류가 달라지고 이후 면역 유전자 활동도 달라진다. 유아의 장내 미생물은 자라면서 먹는 음식, 그 음식에 붙어있는 다른 미생물들, 그리고 장내의 환경에 따라 평생 살아갈 미생물의 종류·양이 결정된다. 장내에서는 수많은 미생물들이 들어오는 음식물을 놓고 살아남기 위해 치열한 경쟁을 한다. 적자생존 논리가 이곳에서도 적용된다. 하지만 잘 먹고 잘 자라는 놈만이 무조건 대표 균이 되어서는 곤란하다. 좋은 균들을 유지하기 위해 인체는 맘에 드는 놈들을 공들여 선택해야 한다.

인체와 장내 미생물의 관계는 하숙집 주인과 하숙생의 관계와도 유사하다. 주인이 제공하는 식사의 종류, 그리고 그 집의 환경에 따라 모여드는 하숙생들의 면모가 달라진다. 일단 하숙생을 받으면 주인은 맘에 드는 하숙생에게는 좋은 방을 주고 때로는 밤참도 수시로 만들어준다. 반면 술이나 퍼 마시는 '불량' 하숙생은 신 김치나 주어 스스로 나가도록 만든다. 이처럼 인체의 장에 있는 세포도 유익한 장내 미생물을 고른다. 주로 사용하는 방법은 장의 점막에 있는 세포, 즉 상피세포에서 특정 영양분, 예를 들면 푸코스라는 당을 분비해서 그 당을 잘 먹는 유익균이 더 많이 자라도록 한다. 그리고 디펜신이라는 항균제도 분비해 유해균들이 못 자라도록 한다. 하지만 최근 항생제가 무분별하게 사용되면서 장내 미생물의 종류가 많이 줄었다. 어릴 때 항생제를 많이 사용한 경우 천식, 알레르기, 비만 등이 늘어나는 걸 보면 항생제 과용이 유익한 장내 미생물을 없애는 데에 직격탄임을 보여주고 있다.

좋은 균들을 골라 키울 수는 없을까. 최근 바이오 기술로 장내 미생물들의 종류·양 등을 유전자 검사법을 통해 쉽게 모니터링할 수 있게 되었다. 어떤 음식을 먹으면 유해균이 줄어들고 유익균들이 많이 생기는가를 바로바로 확인할 수 있게 되었다. 즉 개인의 체질별로 맞춤형 식단을 만들 수 있다. 우리는 평소 식습관을 어떻게 하면 좋은 장내 미생균을 키울 수 있을까. 전통발효식품, 예를 들면 김치에는 유익균인 유산균이 요구르트만큼 있다.

또한 김치의 섬유질도 장내 유익균을 유지하는 데 도움이 된다(사진 3). 반면 기름기 있는 음식이나 밀가루 식사는 장내 미생물에는 반갑지 않은 음식이다. 식약동원食藥同源, 즉 몸에 맞는 음식을 먹는 것이 바로 보약이다. 내 장 속의 파트너에게 잘 맞는 음식을 공급해주자. 그것이 무병장수의 지름길이다. 이제 100세까지는 '배 속 편하게' 지낼 날을 기대해본다.

07

'세포 엔진' 미토콘드리아 효율 높아져 씽씽~
소식小食하면 왜 오래 살까

하루 한 끼만 먹어볼까. 아니면 요즘 유행한다는 '가끔 굶기'를 하면 출렁이는 뱃살이 줄어들 수 있을까. 어떻게 먹는 게 장수에 도움이 되는지 궁금한 사람들이 꼭 가봐야 할 곳이 있다. 100세 된 노인이 댄스를 즐기고, 산악자전거를 타고 거리를 누비고, 하루 수km를 걷고, 매일 정원에서 야채를 키워 내다 파는 곳. 오키나와다. 이곳은 내셔널지오그래픽이 선정한 세계 장수촌 4개 지역 중 하나다. 이곳 사람들이 장수하는 이유가 궁금하다. 최근 미국 보스턴 대학에서는 장수촌 사람들의 장수 유전자를 찾기 시작했다. 연구자들이 발견한 공통 요소 중 하나는 '소식小食'이다. 일반인의 하루 섭취 칼로리의 70%인 1700Kcal만 먹고, 또 부지런히 움직인다.

소식장수小食長壽. 과연 조금씩 먹으면 오래 살까. 과학적 근거가 있을까.

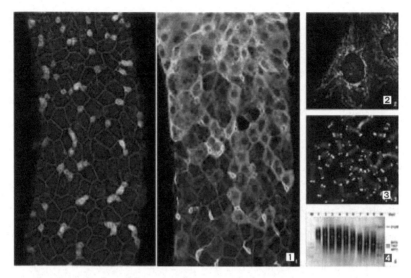

1 초파리 대장세포에 장수 관련 유전자(PGC–1)가 들어가기 전(왼쪽)과 삽입된 뒤 켜진 상태(오른쪽 · 밝은 녹색 부분이 장수유전자가 발현된 부분).
2 세포 내의 엔진 미토콘드리아. 인간 진피세포의 핵(청색)과 미토콘드리아(붉은색 · 세포당 200~2000개의 미토콘드리아가 있다).
3 텔로미어(염색체 · 청색)가 유전자 말단에 매듭용 덮개(노란색)처럼 씌워져 있다.
4 인간 나이에 따라 줄어드는 텔로미어의 길이. 나이가 들수록(오른쪽으로 갈수록) 텔로미어의 길이(가운데 점에 해당하는 Y축)는 감소한다.(1–9; 0, 14, 26, 36, 46, 55, 63, 71, 85세)

장수촌의 통계는 믿을 만한가. 장수촌의 다른 환경이, 예를 들면 깨끗한 공기, 맑은 물, 아니면 치열한 경쟁이 없는 마을이라 오래 사는 것은 아닐까? 적게 먹는 것이 장수의 직접 원인이라는 증거가 분명하다면 지금 저 한우 안창살로 다가가는 젓가락을 미련 없이 거둘 수 있는 신념이 생기기 때문이다.

2011년 유명 과학 저널인 셀Cell은 적게 먹을 경우 커지는 유전자를 발견했고 이 유전자 한 개만으로도 수명이 1.5배나 증가한다는 놀라운 결과를 공개했다. 질병 관련 유전자가 인간과 무려 75%나 유사해 수명 연구에 자주 쓰이는 초파리Fruit Fly를 사용한 이 연구는 적게 먹으면 초파리의 수명이 연장될 뿐 아니라 초파리 세포의 노화 정도도 눈에 띄게 줄어든다는 것을 함께 보여준다. 이런 현상은 쥐를 실험한 결과와 인체 세포에서도 관찰됐다.

수명을 늘린 이 '한 개의 유전자'는 PGC-1Peroxisome proliferator-activated receptor Gamma Coactivator-1이다. 소식을 할 경우 켜지는 이 유전자는 일종의 마스터 스위치 역할을 한다. PGC-1이 켜지면 수많은 다른 유전자가 영향을 받는다. 대상은 주로 비만·고혈압·당뇨 등 모두 소화·운동·에너지 같은 대사 관련 유전자다. 그중 눈길을 끄는 것은 에너지다. 이 실험에서 초파리 대장 세포에 PGC-1의 양을 늘렸더니 수명이 늘어났다(사진 1). 원인은 세포의 엔진에 해당하는 미토콘드리아의 수와 성능이 올라간 것이다. 세포라는 자동차가 4기통에서 6기통으로 올라가면서 엔진 효율, 즉 연비도 올라간 것이다. 연비가 높다는 것은 그만큼 부산물로 생기

는 게 적다는 것이고 소량의 연료만으로도 같은 에너지를 낸다는 것이다.

쥐 식사량 40% 줄이니 수명 20% 연장

미토콘드리아는 자동차의 엔진이다(사진 2). 식사로 들어오는 영양분을 분해, 연소해 에너지를 만드는 신체의 엔진이다. 연식이 오래된 자동차의 연비가 떨어지는 직접 원인은 엔진의 노후다. 이때 엔진 내부를 교체해주면, 소위 '보링'을 하면 자동차의 겉모습은 구닥다리지만 엔진은 청년의 엔진처럼 돌아간다. 사람도 나이가 들면 제일 먼저 약해지는 것이 세포 내의 엔진인 미토콘드리아다. 효율이 나쁜 엔진 때문에 남아 넘치는 영양분은 모두 지방으로 축적되고 성인병의 원인이 된다. 세포엔진의 출력과 효율을 높이는 방법이 있다면 당연히 수명이 연장될 것이다. 연소효율을 높이는 직접적인 방법은 적게 먹는 것이다. 소식장수의 이유가 밝혀진 것이다.

소식을 하면 마스터 스위치인 PGC-1의 양이 늘고 엔진인 미토콘드리아의 효율이 높아진다. 그 직접적인 이유는 연소를 빨리 시키는 중요한 효소citrate synthase가 40%나 증가하기 때문이다. 연비가 40% 증가하면 그만큼 다른 노폐물이 쌓이지 않는다. 엔진에서 발생하는 대표적인 노폐물은 활성산소Reactive Oxygen Species다. 활성산소는 이름만큼 우리 몸에 '활성'을 주지는 않는다. 반응성이 높아 오히려 다른 것들을 부수는 위험한 물질이다. 당연히 격렬한 활동, 예를 들면 고강도 운동을 하면 활성산소가 다량 발생한다. 우리 몸은 물론 이런 활성산소를 제거해주는 여러 시스템이 있다. 인체 내부에 있는 효소나 우리가 먹는 비타민C 같은 항산화제가 이런 방어 역할을 한다. 그러니 몸의 상태가 좋을 때 운동을 해야지 항산화시스템이 엉망인 상태에서 심한 운동을 하면 활성산소로 우리 몸은 망가진다. 엔진 상태가 안 좋은 차가 급가속을 계속하면 폐차장으로 갈 날이 멀지 않게 된다. '소식'은 비단 사람뿐 아닌 자동차에서도 필요한 것이다.

적은 양의 식사를 할 경우 수명뿐만 아니라 생체 나이에 해당하는 세포 내의 '텔로미어' 길이도 늘어난다. 텔로미어는 세포 내 염색체의 양 끝에 있는 일종의 뚜껑 같은 구조의 유전자다. 마치 신발끈이 세포 내의 모든 유전자라면 텔로미어는 끈의 끝에 달려 있는 매듭용 플라스틱이다. 이게 없으면 신발끈이 쉽게 닳는다. 하지만 신발 끈이 오래되면 플라스틱도 점점 닳아 짧아진다. 세포의 경우 플라스틱의 역할을 하는 텔로미어가 너무 짧아지면 세포의 염색체는 더 이상 복제도 분열도 하지 않게 된다. 따라서 사람의 세포 내 텔로미어 길이를 측정하면 그 사람의 노화 정도, 즉 생체나이를 즉시 알 수 있다(사진 3·4).

이 텔로미어 길이가 소식을 하면 덜 줄어든다는 게 쥐를 대상으로 한 실험에서도 확인됐다. 식사량을 40% 줄이면 텔로미어의 길이가 유지되고 수명도 20% 연장됐다.

재미있는 점은 무조건 식사량을 줄인다고 텔로미어 길이가 덜 줄고 수명이 늘어나지 않는다는 것이다. 필수 영양분이 공급되면서 칼로리를 줄여야 수명 연장의 효과가 나타난다. 무조건 줄이면 오히려 수명이 감소한다는 게 최근 원숭이를 대상으로 한 연구에서 밝혀졌다. 적게 먹지만 잘 먹는 게 중요하다는 의미다.

오메가 3로 잘 알려진 불포화 지방산이나 식이섬유가 많은 음식, 가공되지 않은 곡식에 텔로미어의 길이를 유지하는 좋은 성분이 많이 들어 있지만 가공한 육류는 장수에 도움이 안 된다는 게 밝혀졌다. 사람의 허리가 굵을수록 텔로미어도 많이 줄어든다. 비만은 수명을 짧게 하는 것이다. 또 조깅을 20년 정도 한 50세의 텔로미어 길이는 20세 청년과 비슷해 꾸준한 운동이 장수에 도움이 된다. 반면 과도한 운동은 오히려 길이를 줄이는 역효과를 나타냈다. 집에서 가사로 바쁜 주부의 텔로미어는 파출부를 쓰며 소파를 지키는 비활동적 '사모님'보다 텔로미어가 길어 장수할 확률이 높은 것이다. 이런 과학적 사실과 장수촌에서는 대부분 소식을 한다는 통계적 사실로 우리는 소식이 장수의 지름길임을 이제는 확실히 안다.

소식小食은 건강 장수 조건의 일부분일 뿐

하지만 살면서 먹는 것만큼 즐거운 것이 또 있을까. 오죽했으면 로마시대에는 먹고 나서 위 속에 늘어뜨린 실을 당겨 토한 후 또 먹으려 했을까. 대한민국 직장인의 77%가 과잉 식욕으로 힘들어한다는 통계도 있다. 과잉 식욕의 이유는 맛있는 음식(55%)과 스트레스(32%)라고 한다. 결국 입과 뇌가 비만의 가장 큰 적이다. 실제로 우리의 식욕은 두 개의 호르몬, 그렐린과 렙틴에 의해 조절된다. 공복 시 위와 췌장에서 분비되는 호르몬인 그렐린은 많이 먹는 사람일수록 더 왕성하게 분비돼 비만으로 이끈다. 이를 줄이려면 고통과 인내가 요구된다. 어제와 오늘의 식사량 차이를 몸이 느끼지 못할 만큼 한 끼 식사에 한 숟가락씩 줄여나가야 하는 고도의 절제가 필요하다. 이 정도면 거의 동굴에서 수도하는 수도승의 기분이 들 정도다.

맛있는 음식의 유혹을 참는 인내 다이어트를 하는 대신 소식이 주는 효과, 즉 PGC-1을 켜는 물질은 없을까. 최근 이러한 물질을 찾는 연구가 일부 미국 기업을 중심으로 진행되고 있다. 연구가 성공한다면 약 한 알로 식사를 줄인 결과와 같은 효과를 얻을 수 있을지 모른다. 즉 약 한 알로 최소 6개월이 소요되는 인내와 고통의 식욕 절제를 대신하겠다는 것이다. 마치 마라톤 선수가 가장 힘든 순간에 느낀다는 소위 'runner's high'의 쾌감을 코카인 한 알로 느끼겠다는 것과 같은 생각이다.

1932년 영국의 소설가 헉슬리는 멋진 신세계에서 '소마'라는 알약 하나로 모든 영양분을 공급하고 노화를 방지하는 세상을 신랄하게 풍자했다. 그는 과학 만능의 시대를 경고하고 인간 의지의 중요함을 '멋진 신세계'라는 역설적인 제목으로 표현했다. 지금 70억 인구 중 20억이 음식 부족으로 허덕이고 있는 반면, 미국은 3억 인구의 절반이 영양 과잉으로 또 다른 고통을 당하고 있다. 식탐을 이겨내지 못하고, 약 한 알이 이를 해결해주리라 믿는 한 인류가 안고 있는 음식의 불균형은 천형天刑으로 남을 것이다.

아이러니하게도 일본 내에서 소득 수준이 가장 낮다는 오키나와 장수촌의 통계를 다시 살펴본다. 그들은 적은 양의 음식을 먹으면서도 하루 종일 부지런히 일한다. 신실한 나름의 신앙 생활을 하고 모든 식사를 가족이나 친구와 함께하며 유쾌한 시간을 갖는다. 나이 들어서도 각자의 할 일이 있고 친구들과의 모임도 잦다. 마을은 서로 도와주는 공동생활로 꾸려간다. 옆집에 누가 살고 있는지도 모르는 서울의 아파트촌과는 아주 다르다.

현재 한국 국민의 90%가 도시에 살고 72%는 아파트 같은 공동 주택에 살고 있다. 우리가 건강히 오래 살려면 이런 환경에서도 이웃과 공동체를 활발히 만들고 서로 웃으며 즐길 수 있는 아이디어가 필요하다. 소식뿐 아니라 이런 것들도 있어야 건강 100세를 누릴 수 있는 것이다. 건강장수를 위해 장수촌에서 배워야 할 많은 것 중 '적은 양의 식사'는 그야말로 한 부분일 뿐이다.

Biotechnology

Chapter 3
몸과의 교감기술

'할머니의 생신'. 오스트리아 화가인 페르디난트 게오르크 발트뮐러F. G. Waldmller의 1856년 작품. 영국 윈저성 소장. 할머니의 손주 돌봄 덕분에 딸은 더 많은 아이를 낳을 수 있다는 것이 '할머니 효과Grandmother Effect'다.

01

생활 속 장수 열쇠, 과학자들이 꼽은 건 '손주 돌보기'
노년의 엔돌핀

하루 종일 손자를 보느라 지친 시어머니가 어느 날 꾀를 냈다. 예전 할머니들이 그랬듯이 밥을 입으로 씹어 손자에게 먹인 것이다. 옆에 있던 며느리가 기겁을 하고 아무 말 않고 아이를 데려갔다. 우스갯소리지만 할머니의 심정이 이해된다. 봐줄 사람이 마땅치 않아 봐주긴 해야 하는데 허리 디스크·우울증이 생기고 이거야말로 울며 겨자 먹기다. 최근 과학자들이 내린 결론은 손주를 봐주는 것이 손주와 할머니 모두에게 유익한 최고의 윈윈win-win 전략이란 것이다. 현재의 저출산·고령화 문제를 해결할 수 있는 묘책이다.

단, 적정 시간 돌본다는 전제를 깔았다. 과학자들은 '손주 돌봄'이 인간이 다른 동물보다 훨씬 발달된 지능을 갖는 등 진화할 수 있었던 원인이고 미래 인간 장수의 열쇠라고 말한다. 무슨 의미인가?

손주 키우는 조부모, 언어 능력 향상

필자와 가까이 지내는 작가의 숙모 얘기는 놀라웠다. 그는 뇌졸중으로 병원에서 오래 살기 힘들다는 말을 듣고 주변 사람들과 이별 인사까지 나눴다. 그후 손자가 태어났는데 손자를 바라보는 숙모의 눈빛이 조금씩 살아났다. 손자와 같이 지내면서 자주 웃게 되고 건강이 빠르게 호전돼 지금은 10년째 잘 살고 있다. 손자가 할머니의 생명을 살린 '최고의 치료제'였던 셈이다.

웃음이 머리 앞부분의 '전두엽 피질' 부위를 자극해 통증 완화 효과가 있는 호르몬인 엔도르핀을 생산한다는 사실은 이미 확인됐다.

2014년 미국 학회지 '결혼과 가정'에 보고된 바에 의하면 손주를 돌보는 50~80세 할머니·할아버지들의 두뇌 중에서 특히 언어 능력이 향상됐다. 종알종알거리는 손주들과 대화를 나누다 보면 언어 관장 두뇌 부분이 활성화된다는 얘기다. 치매의 첫 번째 원인이 뇌를 쓰지 않거나 신체 활동이 적은 것이다. 다시 말해 활발한 두뇌 활동은 최고의 '치매 예방약'이다. 실제로 1년 이상 손주를 봐준 미국 할머니의 40%, 유럽 할머니의 50% 이상이 치매 예방 효과를 얻었다. 특히 상황을 파악하는 인지능력이 개선됐고, 운동량이 늘어 근육량도 많아졌다. 이는 비단 피가 섞인 손주를 돌본 노인에게만 해당되는 얘기가 아니다. 재잘거리는 초등학생들을 돌봤던 노인들에게도 나타난 현상이다.

아이들이 할머니의 '보약'이라면 거꾸로 할머니는 아이의 '수호천사'다. 미국 심리과학경향지(2011년)에 따르면 할머니와 같이 지내는 손주들의 15세까지 생존율이 57%나 높았다(할머니와 함께 지내지 않는 아이 대비). 이는 단순히 같이 놀아주는 것이 아니고 위험한 상황에서 아이를 지켜주는 '지킴이' 역할을 톡톡히 하고 있음을 의미한다.

또 할머니와 같이 지낸 아이의 발달도가 높다는 연구 결과도 나왔다. 이는 아이들의 인성 발달에 할머니의 역할이 큼을 보여준다.

할머니가 손주가 먹고 자는 것을 주로 돌본다면, 할아버지는 손주의 정신 발달을 돕는다.

'소중한 사이, 할아버지와 손자'. 그리스 화가 게오르기오스 야코비데스Georgios Jakobides의 1890년 작품. 할아버지와 손주는 특별한 관계를 맺는다.

『백치 아다다』로 유명한 소설가 계용묵은 그의 단편 '묘예苗裔'에서 "손자, 그것은 인생의 봄싹이다. 그것을 가꾸어 내는 일은 좀 더 뜻있는 일인지 모른다"라고 썼다. 아이가 어릴 때는 주로 할머니들이 먹이고 재우고 업고 다닌다. 아이들이 더 커서 유치원생이나 초등학생이 되면 할아버지의 역할이 상당히 중요해진다. 유럽 할아버지 두 명 중 한 명은 손주들과 놀아준다. 이들은 손주들에게 집안의 내력이나 과학 얘기, 그리고 세상 돌아가는 이치 등을 전한다. 특히 아이와 뭔가를 함께 만드는 활동엔 할아버지의 역할이 더 크다. 이는 할머니와는 다른 차원의 두뇌활동을 돕는다. 이문구의 성장소설 '관촌수필冠村隨筆'에서도 할아버지는 아이의 두뇌에 깊숙이 자리 잡는다. 소설에서 아이 아버지는 하루도 집에 있지 않고 외부로 돌아다닌다. 행여 아이와 함께 있는 날에도 가까이 다가가기 힘든 대상이었다. 아버지가 바쁘긴 지금도 마찬가지지만 요즘은 엄마마저도 바쁘다. 직장에서 살아남아야 하고 친구들과 사회활동을 해야 한다. 아이들을 살갑게 대하기엔 우선 부모들에게 시간이 너무 부족하다.

반면에 할아버지·할머니는 할 일은 적고 시간은 많다. 인생의 노하우도 쌓여 있다. 게다가 2대인 손주들에겐 1대인 자식들에게 느끼는 책임감과 압박감이 적어 한결 여유롭게 대할 수 있다. 조부모와 손주, 이런 2대가 잘만 지낼 수 있다면 더없이 좋은 궁합이다. 과학자들은 이런 궁합을 인간이 진화하고 장수하는 원인으로 꼽는다.

딸이 낳은 아이 돌보는 과정에서 인류 진화

침팬지는 인간처럼 45세쯤 폐경을 한다. 폐경 이후에도 생존하는 침팬지는 3%도 안 된다. 반면에 인간은 동물 중 거의 유일하게 폐경 이후에도 25~30년을 더 산다. 도대체 무엇이 침팬지와는 달리 사람을 '만물의 영장'으로 만들었을까? 또 침팬지보다 30년을 더 살게 했을까? 그 답엔 '할머니'가 있다.

이른바 '할머니 효과Grandmother Effect'란 학설의 주 내용은 이렇다. 인류가 진화하던 어떤 시점에 폐경 이후에도 건강하게 활동하는 '어떤 여성'이 우연히 나타났다. 비록 이 여성이 폐경 이후에 새 자녀를 출산하진 못했지만 자기 딸이 낳은 아이, 즉 손주를 먹이고 돌보게 돼 딸이 더 많은 아이를 가질 수 있었다. 이 '여성'의 유전자가 인간의 번식과 진화에 유리해 인간이 침팬지보다 장수하게 됐다는 학설이다.

인간 진화를 설명하는 다른 학설로 '사냥설'도 있다. 인간이 사냥을 잘

하려면 머리를 써야 하므로 두뇌가 커졌고 이것이 인간 진화의 원인이란 설이다. 하지만 아프리카 부시맨들을 관찰하면 '사냥설'보다는 '할머니 효과설'이 더 설득력이 있다. 아프리카 부시맨들은 지금도 사냥하고 나무 열매를 먹고 산다. 다시 말해 이들은 야생 침팬지나 야생 원숭이처럼 '수렵시대'에 살고 있는 인류의 원형이다. 이 부족에서 나이 든 여성인 할머니들은 젖 뗀 손주들에게 열매를 따 주거나 식물 뿌리를 캐 먹이는 '손주 돌봄'을 한다. 부시맨 여성들은 다른 현대 여성들처럼 폐경 이후에도 전체 수명의 3분의 1을 산다. 여성들이 폐경 이후에도 오래 살아서 장수하게 된 시기는 '수렵시대' 이전이므로 '사냥설'엔 허점이 있다는 주장도 제기됐다.

2012년 미국 유타대 호크스K. Hawkes 교수는 '할머니 효과'를 컴퓨터 계산으로 증명해 냈다. 하지만 이 어려운 연구논문보다 시골집의 풍경이 할머니가 인간의 장수에서 '중요한 역할을 한다'는 사실을 더 여실히 보여준다. 3대가 모여 사는 집에서 손주들을 돌보는 일은 대개 할머니 차지다. 할머니들이 바쁜 엄마를 대신해 아이들을 돌보기 때문에 엄마는 부담 없이 아이를 쑥쑥 낳는다. 할머니들은 손주 보느라 부지런히 몸을 움직여 팔순이 돼도 근력이 유지된다. 게다가 한두 녀석을 옆에 끼고 잠이 들면 '노년의 외로움'이란 단어는 멀리 사라진다. 이런 이유로 복작복작한 3대 시골집은 어느새 장수촌이 된다.

필자의 한 대학 선배는 적어도 자손 번성엔 성공한 모델이다. 딸·아들이 각각 3명·2명의 아이를 낳았다. 부부 한 쌍이 평균 1.19명을 겨우 낳는 지금의 한국의 출산 통계와 비교하면 두 배 이상의 '생산성'을 보인 셈이다. 이 배후엔 선배 부부의 적극적인 '손주 돌봄 작전'이 있었다. 선배는 딸이 결혼 후 직장을 잡고 임신하자 딸 집을 바로 친정 집과 합쳤다. 태어난 손주는 친정 엄마와 시댁 부모, 그리고 아이 부모가 각각 분담해 돌봤다. 때마침 정년을 맞은 선배도 손주를 싣고 옮기는 운전사 역할을 톡톡히 해 아이 보는 부담을 나눴다.

이 집에선 '손주가 올 때 반갑고 갈 때 더 반갑다'는 소리는 들리지 않았다. 오히려 손주가 떠나 있을 때는 얼굴이 어른거려 얼른 데려오고 싶다고 할 만큼 선배 부부에겐 큰 즐거움이 손주였다. 이런 도움 덕에 선배의 딸은 소녀 적 꿈대로 세 명의 아이를 쉽게 가질 수 있었다. 장가 든 아들도 같은 전략을 썼다. 이번엔 아들 집을 선배 집 근처에 구한 뒤 아들·딸의 손주들을 함께 보기 시작했다. 손주 보는 방식은 역시 분담이었다.

탈무드 "노인은 집에 부담, 할머니는 보배"

노동의 분담이 '손주 돌봄'의 핵심이다. 할머니 혼자 돌보는 시간이 길어지면 오히려 마이너스 효과가 나타날 수 있다. 손주 돌봄에도 최적의 시간이 있어서다. 너무 길어지면 할머니는 피곤해지고 힘들어하며 우울해진다. 결국 며느리 앞에서 손주에게 밥을 씹어 먹이는 등 다른 꾀를 낸다. 식탁 행주로 아이 입을 무심코 닦아주거나 사투리가 섞인 영어를 가르치는 '묘안'을 실행한다. 이런 방법으로라도 손주 돌봄의 긴 중노동에서 벗어나고 싶어 한다. 손주 돌봄의 최적 시간은 각각 처한 상황에 따라 다르다. 미리 보육시간, 보상 금액, 육아 방향 등에 대한 합의가 이뤄져야 손주 돌봄이 서로의 고통이 아닌 쌍방의 윈윈이 된다.

할머니나 할아버지가 여러 손주를 동시에 봐주면 아이들의 사회 적응력이 높아진다는 이론도 솔깃하다. 지난해 미국 진화인류학회지에 보고된 바에 의하면 어린 손주 여러 명을 동시에 볼 경우 아이들은 자신들의 '모든 것'을 쥐고 있는 사람에게 잘 보이려고 눈을 계속 맞춘다. 조부모와 좋은 관계를 맺으려고 노력해 사회성이 좋아진다는 것이다.

필자의 어린 시절에도 6남1녀 사이에선 눈에 보이지 않는 경쟁이 치열했다. 형제들과 잘 지냈을 때 부모님으로부터 상으로 과자를 받은 기억이 지금도 생생하다. '셋째 딸은 선도 안 보고 데려간다'는 옛말은 셋째 딸의 사회성이 높다는 의미로 읽힌다. '부잣집 외동딸'을 며느리로 쉽게 맞지 못하는 것은 사회성이 떨어질 것으로 우려해서다. 아이들은 여럿이 커야 사회성이 높아진다.

"노인이 집에 있는 것은 큰 부담이다. 하지만 할머니가 집에 있는 것은 보배다." 유대인의 철학과 지혜를 담은 책인 『탈무드』에 소개된 내용이다. 이 말 속엔 요즘 우리나라의 최대 현안인 저출산·고령화 문제를 해결할 수 있는 열쇠가 있다. 열쇠는 출산 장려, 보육 지원 등 두 가지다. 이를 동시에 해결할 방법으로 '할머니'가 있다.

저출산 문제로 한국과 동병상련同病相憐의 고민을 안고 있는 싱가포르는 손주를 돌보는 할머니에게 연 250만원을 지원한다. 우리나라도 일부 구청만이 아닌 전국적으로 지원을 확대해 '누이 좋고 매부 좋은' 손주 돌봄을 적극 도울 필요가 있다. 이는 국내 출산율을 높이는 데 큰 기여를 할 것으로 필자는 믿는다. 현재 한국은 경제협력개발기구OECD 최저 출산 국가이고, 최고로 빨리 늙어가는 나라다.

02

●

비정상 난자엔 '자폭'기능, 나이 들수록 정상 임신 곤란
가시밭길 고령출산

성경엔 놀라운 기록들이 있
다. 예언자가 '아브라함의 아내
사라가 아들을 낳을 것'이라 하
자 사라는 '쿡' 웃었다. 당시 아
브라함의 나이는 100세, 사라는
90세였기 때문이다. 하지만 이
듬해 '이삭'이 늦둥이로 태어났
고 건강하게 자랐다.

벨기에 화가 야코프 요르단스의 '풍요Fertility의 알
레고리'. 1623년 작품. (벨기에 겐트미술관 소장)

천지의 창조주가 아이 하나 낳게 하는 것쯤이야 식은 죽 먹기이겠지만
90세라니 고개가 절레절레 흔들어진다. 하지만 그녀는 127세까지 살았
다고 한다. 지금 여성 평균수명 85세 기준으론 48세에 아이를 낳은 셈이

다. 좀 늦기는 하지만 그렇다고 전혀 불가능한 나이는 아니다. 『기네스북』에 따르면 최고령 자연임신 산모는 영국의 59세 여성이다. 비록 시험관 수정이지만 국내에서도 배불러 아이를 낳은 초고령 여성의 나이가 55세였으니 사라의 '48세' 출산은 고개를 흔들 정도는 아니다.

남들처럼 서른 넘어 결혼하고 직장에서 자리 좀 확실히 잡으려면 아이는 35세쯤 낳을 예정인데 괜찮겠지, 혹시 잘 안 되더라도 병원에 가면 금방 해결이 되겠지. 이처럼 임신·출산이 피임처럼 마음먹은 대로 할 수 있는 '옵션'쯤으로 여기는 미혼여성이 의외로 많다. 하지만 현실은 그렇게 호락호락하지 않다. 35세 넘어서 아이를 가지려면 가시밭길을 감수해야 한다.

젊어졌다는 착각이 출산 미루는 원인

필자의 지인 중엔 아내와 아이 사진을 유별나게 많이 찍는 사람이 있다. 부부가 아이를 가지려고 너무 고생했고 그래서 나중에 자식들에게 그런 사실을 꼭 알려야겠다는 것이 사진에 집착하는 이유였다. 부부는 둘다 대학원을 마치고 아내 나이가 31세일 때 결혼했다. 아내는 어렵게 들어간 직장에 임신 상태로 다니기 힘들 것 같았고 아이를 낳아도 맡길 사람이나 보육시설이 마땅치 않았다. 직장에서 자리가 안정되고 친정엄마가 아이를 맡아주기로 해 아이를 가지려고 시도할 때 아내는 이미 34세였다. 하지만 1년이 지나도 아이 소식은 없었다. 피임하지 않고 배란일만 정확히 기억하면 임신은 식은 죽 먹기인 줄 알았는데 그게 아니었다. 1년을 마음 졸이다가 배란촉진 호르몬 주사, 배우자 간의 인공 수정 등을 시도했지만 여전히 임신이 안 됐다. 마지막 수단으로 시험관아이를 갖기로 마음먹었지만 역시 쉽지 않았다. 어쩌다 만난 지인의 부인은 계속된 병원 출입으로 얼굴이 초췌했다. 시댁의 눈치도 만만치 않은 듯했다.

2년이 지난 어느 날 드디어 아이를 낳았다는 소식이 들려왔다. 37세에 첫 출산에 성공한 것이다. 쌍둥이라고 하기에 '투런 홈런'이라며 축하해 줬다. 나중에 들려온 소식은 둘째가 미숙아라는 안타까운 얘기였다. 부부 는 시간이 지나면 괜찮아질 수 있다는 의사 말에 희망을 걸고 있다. 물론 지금은 두 아이에 치여 엄마는 직장을 그만둔 지 오래다. 하지만 아이들 과 늘 함께 있어 너무 행복하다고 한다. 부부의 웃음을 본 것은 이들의 결 혼 6년 만에 처음이었다.

이 부부는 평생을 '알콩달콩' 살아갈 것으로 여겨진다. 최근 연구에 따 르면 이렇게 고생을 해 아이를 가진 부부가 그렇지 않은 부부에 비해 '평 생 짝꿍'으로 잘살 확률이 세 배나 높기 때문이다. 비 온 뒤에 단단해지는 땅처럼 고생에 대한 보상인 셈이다. 하지만 이 부부는 운이 좋은 경우다.

영화 '노아'(2014년 · 미국)의 여주인공 제니퍼 콜리는 40세가 되던 해 에 세 번째 딸을 낳았다. 이미 40대 초반의 나이였지만 아카데미상 수상 식장에 나타난 그녀의 모습은 20대 같았다.

국내에서도 얼굴성형과 몸매 만들기 붐으로 10대 얼굴과 20대 S라인 을 겸비한 30대 여성이 부쩍 늘어났다. 이런 30세 여성의 외모는 나이를 잊게 한다. 하지만 첨단 기술로 젊어진 외모와는 달리 몸은 구석기시대 인간처럼 나이를 먹어간다.

30대 여성이 외견상 20대처럼 보이는 '착시현상'은 출산을 계속 뒤로

미루는 요인 중 하나다. 젊은 부부도 10%는 임신이 안 될 수 있는데 30대가 출산을 미룬다면 아이 갖기는 점점 힘들어진다. 난자는 나이보다 더 빨리 늙기 때문이다.

노산 땐 사산 · 유산 · 기형아 확률 높아

얼마 전 할리우드 스타인 안젤리나 졸리가 전격적으로 유방절제수술을 해서 세상을 놀라게 했다. 졸리가 난데없이 수술을 받은 것은 유전자에 손상이 생기면 스스로 고치는 역할을 하는 BRCA1 유전자가 비정상임을 알았기 때문이다. 이 유전자가 비정상이면 세포 내 다른 유전자들의 손상을 고칠 수 없어 나중에 암환자가 되기 쉽다. 이 유전자는 나이든 여성의 난자에서도 제 역할을 하지 못한다. 이에 따라 여성도 나이 들면 비정상 난자를 갖기 쉽다는 사실이 밝혀졌다(2013년 '사이언스 트랜스 메디슨'지). 여성이 출생과 동시에 보유했던 100만 개의 예비 난자는 나이 들면서 급감한다. 30대엔 12%, 40대엔 3%만 남는다. 실제로 예비 난자 중 500여 개만이 여성의 평생에 걸쳐 배란된다. 난자는 왜 이렇게 급격히 수가 줄어드는가?

올해 3월 미국의 영화배우 브루스 윌리스는 환갑이 다 된 나이에 다시 아버지가 됐다. 남성은 문지방을 넘을 힘만 있어도 아이를 낳을 수 있다는 농담은 사실이다. 정자는 60세가 돼도 성능이 크게 떨어지지 않는다. 노익장을 과시한다면 고령에도 배우자를 임신시킬 수 있다. 이에 반해 난자는 급속하게 수가 줄어들고 50세 무렵이 되면 스스로 문을 닫는다. 폐경을 맞는 것이다. 다양한 유전자를 가져야 생존에 유리한 정자와는 달리 난자는 수정란을 키우는 인큐베이터이자 '생명의 그릇'이다. 행여 난자의 이런 '그릇' 기능에 문제가 있으면 처음부터 가차 없이 버려야 하므로 난자가 조금이라도 비정상이면 세포(난자)는 스스로 '자살'을 감행한다. 최대한 좋은 난자를 고르려는 여성 몸 자체의 노력도 나이 앞에선 역부족이다. 35세를 정점으로 여성의 난자 수는 더 급격히 줄어든다. 임신 가능 확률도 22세엔 86%지만 32세엔 63%, 42세엔 36%, 47세엔 5%로 급감한다. 난자의 DNA 손상도 나이 들수록 많아져 늦게 아이를 가지면 조산·사산·유산·기형아 출산 확률이 높아진다.

대표적인 염색체 기형인 다운증후군은 특징적인 얼굴 모습과 지적장애를 동반한다. 30세 산모가 낳은 아이가 다운증후군 환자일 확률은 960명 중 1명꼴이지만 35세엔 이의 3배, 40세엔 12배로 급증한다. 또 40세 산모는 25세 산모보다 일찍 죽을 확률이 3.8배나 높다. 인간의 기대수명이 늘어났지만 난자가 늙는 속도는 크게 변함없다.

고령 임신과 고령 출산은 많은 위험을 동반한다.

줄기세포 기술로 싱싱한 난자 얻을 수 있지만…

미국 영화 '플랜 B'(원제 Back up plan 2000년)에선 여자 주인공이 출산가능 마감시간이 다가오자 인공수정, 즉 시험관아기 시술로 아이를 가지려 한다. 그때 이상형의 남자가 나타나서 '사랑의 열매(자연 임신)'를 맺으려 하지만 이미 배 속엔 다른 아기가 자라고 있다. 임신을 둘러싼 코미디이지만 제목이 더 재미있다. '백업', 즉 임신의 예비수단으로 시험관아기 시술을 고려하지만 현실은 녹록지 않다. 임신이 잘 안 되면 대개 병원에선 배란 촉진 호르몬 주사를 놓아 임신확률을 높이려 한다. 그래도 안 되면 남성의 정자를 채취, 자궁에 직접 주입하는 '배우자 간 인공수정'을 시도한다. 이런 노력에도 임신이 안 되거나 난관이 모두 막혀 있는 불임의 경우 마지막 수단으로 시험관아기를 계획한다. 시험관아기 시술 과정은 이렇다. 먼저 여성의 몸에 호르몬 주사를 놓아 과過배란 상태에서 난자를 채취한 뒤 이 난자를 시험관 내에서 정자와 수정시킨다. 이어 수정란을 자궁에 착상시킨다. 과정은 간단하지만 한 번에 성공할 확률은 22.5%에 그친다. 여성의 나이가 많으면 성공률이 더 떨어진다. 35세 이하에선 시험관아기 시술을 통한 출산 성공률이 41.4%지만 41~42세엔 12.6%로 떨어진다.

시험관아기의 유산율도 산모 나이가 40대 이상이면 50%에 가깝다. 쌍둥이를 낳을 확률은 25~30%다. 쌍둥이 중에 54%는 저低체중 아이고 언청이, 심장벽 이상 발생률도 높아진다.

지난해 말 가수 강원래씨가 13년 만에, 그것도 여덟 번의 시도 끝에 아이를 얻었다. 이처럼 불임의 고통을 해결해 주는 시험관아기 기술은 인류의 귀중한 재산으로, 1978년 노벨상이 수여됐다. 하지만 이 기술은 자연 임신에 대한 '백업 플랜'이 아닌 '최후의 수단'으로 생각해야 한다. 늦둥이나 시험관아기에서 발생하는 모든 문제의 출발은 난자가 늙은 것이며 나이를 이길 순 없다. 최근 난소에서 줄기세포가 발견됐다. 지난해 '네이처 프로토콜Nature Protocol'이란 학술지에 발표된 논문에 따르면 난소에서 얻은 줄기세포를 이용하면 다시 싱싱한 난자를 만들 수 있음이 동물실험을 통해 밝혀졌다. 이는 난자의 늙음에 기인한 시험관아기 시술의 실패와 부작용을 극복하는 실마리가 될 수 있다. 하지만 생명의 그릇인 난자를 실험실에서 마음대로 만든다는 것은 윤리적으로 예민한 문제여서 실제 불임 여성에게 이 기술을 적용할 수 있을지는 아직 미지수다.

요컨대 건강한 아이를 낳는 가장 현명한 방법은 아무리 늦더라도 35세를 넘기지 말고 젊은 나이에 임신하는 것이다. 이는 아이를 건강하게 할 뿐 아니라 엄마의 수명도 연장시키는 방법이다. 싱글이나 아이를 일부러 갖지 않는 '딩크DINK·Double Income No Kids족 여성들은 암·심장질환·정신질환·사고로 숨질 확률이 자녀가 있는 여성보다 4배나 높기 때문이다. 요즘 젊은 여성들의 절반 이상은 고령 임

'둘만 낳아 잘 기르자'는 문구가 들어간 1970년의 피임 권장 포스터.

신이 유산·사산·조산·기형아 확률을 높인다는 사실을 잘 모른다. 여성의 90%는 40세라도 병원에 가면 불임 문제를 간단히 해결할 수 있고, 300만원만 들이면 시험관시술로 '뚝딱' 아이를 낳을 수 있다고 생각한다. 이런 여성들을 대상으로 '늦둥이의 위험성'에 대한 인터넷 교육을 실시하

면 이들의 생각이 바뀐다는 연구결과가 최근 발표됐다. 고령 임신의 부작용과 위험성을 바로 알리는 것만으로도 여성의 출산을 몇 년 앞당길 수 있고 아울러 한 명 이상의 아이를 갖게 할 수 있다. 물론 보육시설, 직장에서의 출산장려 분위기 등이 선행돼야 예비부모들이 출산 쪽으로 마음을 다잡을 수 있다.

영국의 철학자 버트런드 러셀은 "문명이 가장 진보한 곳에 불임不姙이 가장 많다"고 말했다. 1970년대엔 '둘만 낳아 잘 기르자'는 포스터가 우리 생활 주변 곳곳에 붙어 있었다. 정관수술을 받으면 예비군 훈련을 면제해줬다. 그때보다 훨씬 잘살게 됐지만 지금은 경제협력개발기구OECD 최저 출산국이다.

03

●

심리·건강·감정상태 … 당신의 땀 냄새가 당신을 말한다
땀이 보내는 신호

'누가 나의 짝이 될까'하는 상상만으로도 대학 시절의 단체미팅은 신입생의 가슴을 설레게 만들었다. 미팅 주선자는 여학생들의 소지품을 모은 바구니를 남학생들 앞에 내려놓는다. 파커 만년필은 문학소녀의 것일까? 장밋빛 스카프는 꿈이 많다는 사인일까? 열쇠고리는 집을 같이 마련해보자는 몸짓인가? 소지품으로 상대를 예측해서 '킹카'를 고르려는 두뇌가 씽씽 돌아갈 때, 손수건을 코에 대고 킁킁거리는 녀석이 나타났다. 냉철한 이성 대신에 냄새로 짝을 고르려는 동물적인 '킁킁'족族의 출현에 단체미팅의 수준이 급격히 떨어졌다. 한 방송사의 인기 프로그램이던 '짝'에선 남녀가 며칠을 같이 지내며 상대를 파악한다. 이어 남자를 일렬로 세워놓고 여자가 선택한다. 누구에게도 선택되지 않는 수모도 견뎌야 한다. 이런 살벌한 짝 고르기보다는 '킁킁'족의 냄새에 의한 선택법은 재미있긴

땀은 인체의 냉각수이자 체취의 원인이다.

하지만 비非과학적인 방법이라 생각했다. 하지만 40년이 지난 올해의 연구 결과는 '쿵쿵'족이 가장 과학적으로 짝을 고르고 있었음을 알려준다.

미국 필라델피아 캐롤린스카 연구소 팀은 식중독균인 살모넬라균의 독毒 성분을 사람에게 주사, 대상자들을 병에 걸린 상태로 만들었다. 4시간 후 이들의 셔츠를 모은 뒤 다른 사람들에게 주어 냄새를 맡게 했다. 그 결과 사람들은 병에 걸린 사람들의 셔츠를 정확히 구분해냈다. 이 연구대로라면 단체 미팅 때의 '쿵쿵'족은 나름대로 최고의 과학으로, 즉 손수건에 밴 땀 냄새를 통해 '건강한 짝'을 찾고 있었다는 해석이 가능하다. 실제로 그가 이 방법으로 정말로 '건강한 짝'을 만나서 잘 살고 있는지 궁금하다. 이처럼 땀은 단순한 인체의 냉각수가 아니라 우리 몸이 보내는 신호다. 무슨 신호일까?

체취는 땀이 분해된 결과

사람 냄새의 대부분은 땀 냄새다. 운동을 하지 않는 평상시에도 하루 500mL의 땀이 온몸으로 배출된다. 온몸에 퍼져 있는 에크린땀샘에서 나오는 땀은 나트륨 등 1%의 전해질이 포함된 비교적 물에 가까운 땀이다. 이와는 달리 겨드랑이에 주로 분포하는 아포크린 땀샘의 땀은 끈끈하다. 나트륨 외에도 몸에서 분비되는 단백질·지방·젖산·요소 등이 섞여 있

다. 문제는 이 끈적끈적한 땀
성분이 피부상재常在 세균들
에 의해 분해되면서 각종 냄
새가 난다는 것이다. 땀 성분
이 대부분 황 화합물이면 썩
은 계란 냄새, 지방산이면 퀴
퀴한 냄새가 난다. 피부에 살

사람도 동물처럼 냄새를 통해 소통한다. ('Sense of smell', 필립 머시, 1689~1760년, 예일 미술관)

고 있는 세균의 종류는 약 1000종이다. 개인마다 세균의 수나 종류가 달
라 끈끈한 땀이 분해돼 나오는 냄새도 제각각이다. 이런 개인의 냄새 차
이를 이용해 지문·홍채처럼 개인을 확인하는 방법으로 활용하려는 시도
도 있다.

사람들은 겨드랑이에서 나는 냄새를 '액취腋臭'라 하여 극구 꺼린다. 외
국인과 결혼한 사람 중 적지 않은 사람이 이런 액취 탓에 이혼을 결심할
정도로 액취는 독특하고 인종 차差가 심하다. 액취가 많은 유럽인들은 귀
의 땀샘이 활발해 귀지가 축축한 반면 액취가 적은 동아시아인들은 귀지
가 뽀송뽀송하다.

소변엔 동물의 신상정보 담겨

국내 인구의 약 1%에 해당하는 다한증多汗症 환자들은 액취가 늘 걱정
스럽다. 다한증 환자들은 액취를 줄이기 위해 보톡스 주사로 땀샘근육을
마비시키거나 민감해진 교감신경을 억제하는 수술을 받기도 한다. 액취
제거제, 즉 디오더런트deodorant를 사용하는 사람도 있다.

알코올이 많이 든 액취제거제를 무분별하게 사용하면 해당 피부가 자극을 받아 붉어진다. 정상적인 피부 세균마저 대부분 죽어 피부 방어기능도 약해진다. 피부에 분포하는 토종 세균들은 먼저 자리를 잡고 병원균들이 들어오지 못하게 한다. 면역력이 약해진 습진환자들의 피부를 살펴보면 평상시 눈에 띄지 않던 세균들이 보인다. 토종 세균의 방어선이 무너지고 있다는 방증이다. 따라서 토종 피부 세균들을 잘 지키기 위해서라도 나쁜 냄새를 생성하는 세균만을 억제하는 디오더런트를 필히 만들어야 한다.

여름철에 디오더런트는 다한증뿐만 아니라 땀으로 인한 냄새가 걱정되는 남녀에겐 필수품이다. 디오더런트를 쓰는 동물은 인간이 유일하다. 동물들은 짝을 고를 때 체취를 중시한다. 동물이 병원성 세균·바이러스·기생충 등에 감염되면 만들어지는 체내의 면역물질이 땀과 함께 배출돼 독특한 냄새를 풍기게 된다. 땀만 아니라 소변도 이런 경보 기능을 지닌다. 예로 바이러스에 감염된 수컷 쥐의 소변 냄새를 맡은 암컷은 생식력이 떨어진다. 병에 걸린 수컷과는 짝을 이루지 않도록 스스로 차단하는 것이다. 냄새를 구별해 감염되지 않은 짝을 골라야 자신은 물론 다른 동족들, 그리고 태어날 새끼들의 건강을 유지할 수 있어서다. 사람도 질병에 따라 소변이나 날숨에서 나는 냄새가 다르다. 이는 질병 예고의 한 방법으로 연구되고 있다. 사람이나 동물 모두 냄새가 건강의 척도인 셈이다.

소변엔 동물의 신상 정보도 담겨 있다. 그룹에서 서열이 얼마나 높은지, 임신이 가능한 상태인지, 족보가 어떤지 등을 알려준다. 나와는 다른 족

보의 유전자를 가진 짝을 만나야 후
손들의 유전자가 다양해지고 그래야
혹시 모르는 새로운 병원균이나 변
화하는 환경에 살아남을 가능성이
높아지기 때문이다. 주인을 따라 산
책하는 동네 강아지들끼리 만나면
상대 여주인이 민망할 정도로 서로

개들은 만나면 냄새로 상대방의 모든 정보를 알아낸다.

엉덩이에 코를 대고 킁킁거린다. 너는 어떤 놈이고 나와 짝이 될 만한 놈
인가를 냄새로 알아보는 것이다. 수km 떨어진 곳에서도 페로몬 냄새를
맡고 달려오는 나방은 이것저것 따지지 않고 짝에게 달려든다. 반면 개를
비롯한 동물들은 킁킁거리며 '건강한 짝'만을 찾는다. 사람은 어떨까? 이
성을 만나서 개가 냄새를 맡듯 이것저것 재는 사람들도 물론 많다. 하지
만 상대방이 장애를 가진 것을 알면서도 가정을 이루고 평생 돌보며 사는
사람들이 있다는 점에서 인간은 만물의 영장이 될 자격이 충분하다.

손의 촉감 통해 상대방 마음 파악 가능

2006년에 개봉된 영화 '향수Perfume; The Story of a Murderer'의 남자 주
인공은 여인들의 몸에서 나는 체취體臭를 모아서 향수로 만든다. 이른바
짝을 유혹하는 '인간페로몬' 향수를 만든 것이다. 인간들 사이에서 페로
몬을 주고받는다는 과학적 근거는 아직 없다. 시중에 나도는 페로몬 향수
는 그냥 향수일 뿐이다. 영화에서 흥미로운 점은 냄새에 대한 관객의 반
응이다. 영화 초반에 냄새를 맡는 장면이나 킁킁거리는 소리가 28회나 나

2006년에 개봉된 영화 '향수' 오감 중 가장 언초적인 후각의 욕망을 그리고 있다.

오는데 그때마다 관객들이 무의식적으로 같이 쿵쿵댄다는 것이다.

올해 이스라엘 연구팀은 후각을 이용한 군중의 소통 가능성을 제기했다. 타인의 쿵쿵거림에 자신도 함께 궁금해하고 쿵쿵거리며 '거기 뭐가 있어서 그래?'라며 서로 소통한다는 것이다. 마치 다른 사람의 슬픈 표정이나 흐느끼는 소리를 듣게 되면 우리도 덩달아 슬퍼지고 같이 우는 것과 같다. 이런 감정의 교류는 땀 냄새만으로도 가능하다. 2012년 '심리과학회지Psychological Science'에 실린 연구 결과에 따르면 화가 나거나 기분이 나쁠 때 나오는 땀을 모아서 다른 사람이 맡게 하면 맡은 사람도 화가 나고 기분이 나빠진다. 땀 냄새를 맡기만 해도 다른 사람에게 감정이 그대로 나에게 전달되는 것이다. 땀은 이런 의미에서 타인의 감정을 내게 알려주는 정보다. 이보다 더 중요한 것은 나의 정신적 스트레스, 예를 들면 자살 가능성도 땀이 알려준다는 점이다.

인간의 온도를 조절하는 가장 확실한 냉각수인 땀의 분비는 뇌의 시상하부에서 나오는 '아드레날린'이 조절한다. 아드레날린은 감정 조절과도 관련이 있다. 아슬아슬한 서커스를 보거나 무서운 영화를 볼 때처럼 몸이 긴장·걱정·스트레스에 싸여 있을 때 손에 진땀이 나는 것은 그래서다. 이런 이유로 땀샘은 정신적 스트레스를 측정하는 하나의 방법이다. 2013

진땀은 정신적 스트레스의 정도를 나타내기도 한다.

년 '정신의학연구지J. Psychiatric Research'엔 진땀이 나면 피부가 촉촉해져서 전기가 잘 통하는 점에 착안, 손의 전기 전도도를 측정해서 자살 가능성을 예측한 연구 결과가 발표됐다. 자살을 시도하는 사람들은 벨소리 같은 외부 자극에 처음엔 예민하게 반응해서 손에 땀이 나지만 두 번째 벨소리엔 반응 정도가 훨씬 떨어진다. 주위 변화에 대해 둔감해져 진땀이나는 정도가 약해지는 것이다. 연구팀은 이 방법으로 자살 가능성을 97%나 예측할 수 있었다.

땀샘은 단순히 냉각수(땀)를 내보내는 곳이 아니라 감정의 샘이다. 최근의 자살 예측법은 뇌의 MRI 사진이나 뇌파 측정 등 다양한 방법으로 진화하고 있다. 하지만 손의 촉감, 즉 진땀의 과소過少를 통해 상대방의 마음 상태를 알 수 있는 전통적 방법이 훨씬 더 인간적이다. 사춘기에 정신적으로 힘들어하는 아이들의 손을 잡아주면 이들의 마음 상태를 파악할 수 있고 또 손을 통해 걱정하는 부모의 마음을 전달할 수 있다. 황폐해진 아이들을 치유하는 데는 MRI보다 손을 통한 가족 간의 소통이 더 효과적이다.

최근 땀샘에서 발견된 성체줄기세포는 땀샘의 중요성을 한층 더 부각시켰다. 골수나 지방의 줄기세포는 복잡한 수술을 통해서만 얻을 수 있다. 하지만 땀샘 줄기세포는 피부를 아주 얇게, 즉 3mm만 떼어내면 얻을 수 있다. 이를 상처 입은 피부에 덮어주면 피부 손상이 신속하게 회복된다. 또 재건하기 힘든 땀샘이나 모발들도 쉽게 재생시킬 수 있다.

　여름철은 땀이 많은 계절이다. 땀은 나와 대화를 나누고 싶어 한다. 나는 당신을 적시는 '노폐물'이 아니라 당신을 지키는 '생명수'라고.

04

사랑하는 배우자 사진 볼 때만 뇌에 '굿 뉴스' 신호
천생연분과 과학

"나도 짝을 찾고 싶다." 현재 인기몰이 중인 TV프로그램의 주제다. 사람들은 왜 짝 찾기 프로그램에 열광할까? 사람이면 누구나 천생연분을 만나고 싶어 한다. 하늘이 맺어준 운명적 인연과의 로맨틱한 사랑을 꿈꾼다. 이성을 처음 본 순간 사람들은 무엇에 끌리는가? 별로 로맨틱한 건 아니지만 만일 첫눈에 반하는 사랑이나 백년해로 모두 '사랑의 유전자'가 풀어내는 현상이라

큐피트의 화살. 첫눈에 반하는 사랑은 유전자의 지령에 따르는 본능인가, 아니면 평생의 동반자를 찾으려는 이성인가.

면, 그래서 서로 선택한 것이 최선임이 과학적으로 설명된다면 그것 자체가 운명적 만남이고 진정한 천생연분 아니겠는가?

첫인상, 즉 상대를 처음 보고 나서 수초 내지 수분간의 모든 정보가 그 사람에 대한 인상을 결정하고 뇌에 각인된다. 하지만 사업상 만나는 경우와 달리 배우자를 찾는 소개팅이나 맞선 자리라면 뭐가 작용할까. 무의식 속의 동물적인 본능? 아니면 '쌩쌩' 돌아가는 두뇌의 현실적인 계산?

동물사회심리학자들의 연구 결과는 놀랍다. 대부분의 동물엔 가장 튼튼한 후손을 낳도록 유전자에 프로그램이 들어가 있고 따라서 선택 기준은 '종족 번식에 가장 유리한지 여부'라는 것이다. 즉, 상대가 새끼를 많이, 또 잘 낳을 수 있는지가 가장 큰 관심사다. 수컷엔 '암컷이 배란기에 있는지 확인한 뒤 씨를 퍼뜨려야 한다'는 한 가지 본능이 깊게 새겨져 있다. 반면 암컷은 좀 복잡하다. 임신을 통해 본인 유전자를 전파하고 자신과 새끼를 돌봐줄 수컷을 잘 골라야 한다는 두 가지다. 그래서 짝을 고를 때 수컷보다 훨씬 더 신중하다.

사람의 경우 처음 본 이성을 판단하는 순서는 얼굴, 몸, 목소리 그리고 체취 순이다. 얼굴을 보자. 여성의 경우 대칭형 얼굴, 작은 턱, 가는 눈썹, 높은 광대뼈가, 남성의 경우는 큰 턱, 굵은 눈썹, 네모난 머리가 상대방에게 '섹스 어필'하는 얼굴이다. 몸의 경우 여성은 둥근 히프, 가는 허리, 긴 다리가 남성의 눈을 끌며, 남성은 넓은 어깨와 강한 가슴이 여성의 눈에 확 들어온다. 목소리의 경우 여성의 하이 톤, 남성의 저음이 점수를 딴다. 이런 요소들에 끌리는 것은 다 성호르몬의 영향이며, 그 의미는 '상대가 임신 가능기에 있다'는 것이다. 사람의 경우 상대방이 종족 번식에 적합한 '짝'인지를 판단하는 주된 기준이 시각·청각이라면 쥐에겐 냄새다. 그 냄새는 어떤 것일까.

새 둥지 속 새끼 40%는 불륜의 자식

2013년 과학잡지 '네이처'에는 쥐가 짝을 고를 때 냄새로 판단하며 이는 자신과 유전자가 다른 상대를 선택하려는 것이라는 내용의 논문이 실렸다. 유전자가 다른 놈을 만나야 다양한 유전자를 가진 새끼들을 낳을 수 있고 그래야 어려운 환경에서도 자식들이 살아남을 확률이 높다는 것이다. 더 자세히 말하면 외부 병원균에 대항하는 면역 무기가 자신과는 다른 짝을 선호하는 것이다. 외부 균에 대한 무기의 종류가 A인 쥐는 무기가 B인 쥐를 만나 A · B를 모두 가진 자식을 낳아야 그 자식이 다양한 병원균에 대항해 살아남는 데 유리하다. 상대가 나와 다른 유전자를 가졌는지를 판단하는 데 후각이 동원되고 대상은 상대의 오줌이다. 상대 쥐의 오줌에 담겨 있는 생존 무기, 즉 면역유전자MHC:Major Histocompatibility Complex가 풍겨내는 단백질 냄새로 상대를 판단하는 것이다. 상대의 소변 냄새를 통해 유전적으로 자신과 다른 놈을 짝으로 만나는 것이 비슷한 짝을 만나는 것보다 자식들의 생존에 훨씬 유리하다.

2012년 유전학 잡지J. Heredity에 밝혀진 바에 의하면 1997년부터 10년간 섬에 있는 새의 번식을 관찰해 보니 한 부부 새가 낳은 새끼의 40%는 암컷이 다른 새와 바람을 피워 낳은 놈들이었다. 그리고 그런 '불륜 자식'들이 원래 부부의 유전자를 가진 '적자'들보다 두 배나 더 오래 살았다. 즉 전체적으로 볼 때 다양한 유전자가 단일 유전자보다 자연에서 더 잘 살아남는다는 의미다. 그렇다고 암컷만 뭐라 할 일이 아니다. 그 불륜 자식에게 유전자를 주는 것은 어차피 다른 수컷이기 때문이다. 암수 서로 피장파장이다. 또 마젤란펭귄을 대상으로 조사한 결과, 신체 내 면역유전

마젤란펭귄 연구는 다른 유전자를 가진 상대와 짝짓는 게 유리하다는 연구 결과를 내놓았다.

자MHC가 다양한 암펭귄이 알을 더 많이 낳고 새끼를 더 잘 키우는 반면, 원래 짝인 수놈 펭귄과 같은 MHC를 가진 암컷은 새끼도 적게 낳고 게다가 새끼를 전혀 돌보지도 않는다. 즉 비슷한 MHC를 가진 펭귄 부부는 '태만형 부모'라는 것이다.

　더 건강한 새끼들을 얻으려고 바람까지 피우는 새들에게 '삼강오륜도 모르는 것'들이라 호통칠 게 아니다. 새들은 도덕윤리보다 다양한 자손들을 낳아 자자손손 씨를 퍼트리는 '적자생존'의 임무에 충실한 것이다. 그럼 과연 쥐나 펭귄처럼 사람들도 실제로 나와는 다른 면역유전자MHC를 가진 짝을 좋아할까?

　사람의 경우도 유전적으로 나와는 다른 사람을 좋아한다. 하지만 쥐의 경우처럼 그게 MHC 때문이라는 직접적이고 확실한 물적 증거는 아직 나타나지 않았다. 이런 실험이 있었다. 남성들이 입었던 T셔츠의 체취를 여성들에게 맡게 했다. 그 결과, 그 여성의 가족에 속한 남성, 즉 유전자 풀이 같은 남성이 입었던 셔츠보다 가족이 아닌 다른 남성들이 입었던 셔츠를 여성들이 더 좋아한 것이다. 사람의 체취는 주로 땀 냄새인데 성분은 그 사람의 유전적 특이성과 밀접한 관계가 있다. 즉, 나와 유전적으로 다른 사람에게 본능적으로 더 끌리는 것이다.

유전적으로 나와 다른 사람을 선택하는 것은 자손을 치명적인 유전병으로부터 보호하는 방법이기도 하다. 가까운 근친과 결혼하면 유전병이 자식들에게 나타날 확률이 급증한다. 예를 들어 피가 굳지 않는 혈우병 유전자(a)를 가졌으나 문제는 없는 정상인(Aa)이 근친 중에서 같은 유전자(Aa)를 만나면 후손 유전자로 AA · Aa · Aa · aa 넷이 가능한데 한 명 (aa)은 치명적인 혈우병 환자다.

지금은 유전자 검사가 수십만원이면 가능하지만 이런 방법이 없었던 시절에는 체취가 '근친 유전자'를 가려낼 수 있는 방법이 아니었을까 추측된다. 결국 타인의 체취로 나와 다른 유전자를 가진 '짝'을 고르는 것은 다양한 면역 무기를 갖는 것 외에도 치명적 유전병을 예방하는 방법이기도 하다.

이처럼 사람들도 다른 동물처럼 '근친 유전자'를 가진 사람을 처음부터 달가워하지 않지만 어쩌다 결합한다 해도 그런 커플에겐 문제가 더 많다. 결혼 뒤 다른 이성들과 더 바람을 피우고 불협화음이 더 많으며 임신 초기에 유산이 되는 경우가 더 많다는 보고가 있다. 최근 이런 연구 결과, 즉 체취가 이성 간의 끌림에 작용한다는 점을 과대포장해 '인간 페로몬 향수'라는 상품이 나온 해프닝도 있다. 페로몬은 같은 종의 나방이나 곤충끼리 소통하는 물질이다. 이 중에서 성 페로몬은 아주 적은 양으로도 수 km 떨어진 곳에 있는 상대방을 유인한다. 하지만 페로몬은 MHC와는 다른 물질이고 페로몬을 맡는 부위도 다르다. 더구나 사람에게는 이 기관이 있는지도 분명치 않다.

사람도 유전자가 완전히 다른 짝 선호

사람에 대한 연구 결과는 '동물처럼 확실하진 않지만 사람도 유전자가 완전히 다른 짝을 고르는 경향이 있다'로 요약할 수 있다. 그런데 사람들이 본능에 따라 '짝'을 고르고, '새끼'를 낳고, 키운다고 단순화할 수 있을까. 동물적 본성을 '사랑'의 바탕이라 하는 것은 문화와 역사를 자랑하는 인간의 이성적 모습과 어울리지 않는다. 동물의 암수 97%가 '부부의 맹세'를 지키지 않고 바람을 피워 '씨 다른' 새끼들을 키운다. 하지만 사람들은 '한번 부부는 영원한 부부'라는 결혼 약속을 지키려 평생 노력한다. 또 새끼가 다 자라면 '임무 끝'이라며 돌아서는 동물과도 크게 다르다.

나이 60이 넘은 금실 좋은 부부에게 상대 사진을 보여주고 뇌 기능을 무의식까지 보여주는 기기로 검사해 보았다. 그 결과, 좋은 일이 있을 것 같은 기대감이나 좋아하는 것을 오래 소유할 때의 감정, 즉 중독성 애착감이 있을 때 변화가 일어나는 뇌의 복측피개부VTA:Ventral Tegmental Area 영역이 활성화되는 것이 확인됐다. 즉, 오래 사랑하는 부부의 경우, 상대 얼굴만 봐도 좋은 일이 생길 것 같고 나에겐 아주 중요한, 꼭 지켜야 할 사람이라는 감정이 중독의 단계처럼 '각인'되어 있는 것이다. 매일 아침 약수터를 손잡고 오르는 나이 든 부부들은 서로에게 뗄 수 없는 '짝'인 것이다.

사람의 경우 첫눈에 반해 심장이 뛰며 눈에 콩깍지가 끼는 '감정적 사랑'의 유효기간은 길어야 4~5년이다. 끓어오르던 사랑의 호르몬이 정상

동물과 달리 사람은 한번 만난 짝을 위해 헌신하는 진정한 사랑을 한다.

을 찾고, 태어난 자식들도 제 역할을 하기 시작하면 우리의 사랑은 형태를 달리한다. 이성으로서의 '짝'에서 평생의 동반자인 '반려자'로 바뀐다. 동물과 달리 오직 사람만이 나이 든 상대를 보살피고 생의 마지막 순간까지 상대와 같이하는 '헌신적 사랑'을 한다. 사람이 사람다운 것은 자식을 끝까지 잘 키우려 하고, 배우자와 오랜 정으로 끈끈하게 맺어지는 '진정한 사랑'에 있는 것 아닌가? 사랑의 본질을 설명하기에 과학은 여전히 부족하다.

05

인체 면역세포에 '잽'을 날려라, 맷집 키우게
알레르기·아토피 전쟁

여름철, 유난히 땀에 시달리는 아이들이 있다. 손과 발에 붉은 반점이 가득한 아토피 피부염 환자들이다. 특히 살이 접히는 부위는 더 심해 수시로 긁어대는 아이의 손을 잡아채는 엄마의 속은 시커멓게 타들어간다 (사진 1). 너무 긁어 진물이 나는 아이의 피부도 걱정이지만, 금방 나을 병이 아니라는 주변의 이야기가 엄마를 더욱 답답하게 한다. 이런 부모들의 귀를 솔깃하게 하는 이야기가 있다.

1966년 뉴질랜드령의 조그마한 섬인 도게라우에 태풍이 몰아쳤다. 이재민 1950명이 도시로 이주했다. 도게라우 섬은 문명과는 거리가 먼, 원시에 가까운 섬인 반면 이주한 곳은 깨끗한 수돗물이 콸콸 나오는 잘 정비된 현대 도시. 질병과는 거리가 먼 곳이었다. 14년 뒤 도시로 이주한 도게라우 섬 사람과 아직 섬에 남아 있는 원주민의 알레르기성 질환을 조사했다.

알레르기 질환인 아토피 피부염과 알레르기성 비염, 천식이 이주민에게 모두 2~2.5배 높게 나타났다. 현대 도시에 사는 사람들이 원시 시골에 사는 사람들보다 아토피 피부염 같은 알레르기 질환에 잘 걸린다는 조사 결과다. 가끔 듣는 '어떤 사람이 시골에 가서 아토피 피부염을 고쳤다'는 이야기는 믿거나 말거나지만 이 조사는 1950명을 대상으로 14년이란 장기간에 비교실험을 한 것이어서 신뢰도가 높다. 조사가 주는 메시지는 확실하다. 자연 속에서 사는 것이 알레르기를 낮춘다는 것이다. 그렇지만 아토피 피부염, 천식으로 고생하는 아이들을 위해 모든 가족이 도시의 아파트를 떠나서 시골로 이주할 수는 없다. 더구나 10명 중 9명이 도시에 살고 6명이 아파트 같은 공동주택에 사는 곳이 한국이다. 도시에 살면서 알레르기를 예방할 수 있는 방안은 없는 것일까?

면역 반응의 두 버전, 공격형 · 수비형

아토피는 그리스어로 'Atopus', 즉 원인이 분명치 않다는 의미로 그만큼 원인이 복잡한 병이다. 하지만 원인 중 두 가지는 분명하다. 개인의 유전적 특성과 주변 환경의 영향이다. 예를 들어 부모가 아토피 피부염 환자였으면 자식이 그 질환에 걸릴 확률은 80%인데 그것이 개인적 · 유전적 원인이다. 그리고 같은 뉴질랜드 섬 출신이라도 지금 사는 곳이 섬이냐 도시냐에 따라 발병률이 다른 것은 환경이 중요하다는 뜻이다.

아토피 피부염이 생기면 피부가 붉어지고 가려워져 긁게 되는데 그러다 진물이 나고 덧나서 더 가렵고 더 긁는 악순환이 되풀이된다. 보습제를 바르고 염증 연고를 바르지만 금방 낫지 않는 이유는 이게 단순히 한

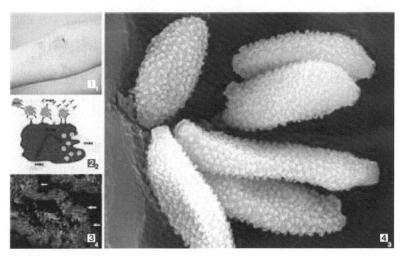

1 아토피 피부염.
2 꽃가루 알레르기: 꽃가루가 몸에 들어오면 방어물질인 항체가 만들어진다. 꽃가루가 다시 들어
오면 이 항체가 달라붙어 재채기 콧물에 섞여 밖으로 내친다.
3 인체 장점막(적색, 청색)의 경계(화살표)에서 장내 세균이 면역기능을 단련시키면 면역 과민반응
을 보이지 않는다.
4 난초 꽃가루: 면역세포가 작은 돌기들을 적으로 간주하기 때문에 꽃가루 알레르기의 원인이
된다.

곳만의 피부병이 아니고 몸 전체와 관련된 질환이기 때문이다. 간단히 말

해 인체를 지키는 면역기능에 오류가 발생한 것이다. 오류가 원위치되기

까지는 시간이 걸린다.

봄이 되면 괴로운 사람들이 의외로 많다. 코가 막히고 콧물이 줄줄 흐

르며 재채기를 한다. 꽃가루 알레르기다. 알레르기allergy는 그리스어의

allos(변한다)+ergo(작용), 즉 '변화된 면역작용'이라는 뜻이다. 우리 몸

엔 체내에 침투하는 외부 침입자를 격퇴하는 정상적인 면역작용이 있는

데, 알레르기는 이 정상적인 방어가 잘못 '변화'해서 '과도하게' 반응하는

현상이다.

인체는 외부 침입자가 들어오면 두 가지로 반응할 수 있다. 하나는 공격해서 상대방을 무력화시킨 뒤 소화하거나 분해시키는 '공격형 반응'이다. 이 기능은 주로 면역 담당 세포인 T-세포가 맡는다. 외부에서 침입한 병원균이나 바이러스는 이런 공격에 대부분 파괴된다. 면역 반응의 또 다른 형태는 '수비형'이다. 공격형 방어와 달리 상대를 파괴하는 대신 몸에서 내보낸다. 꽃가루 알레르기는 꽃가루가 우리 몸, 특히 기관지에 들어오는 것을 막는다. 점막의 면적을 늘려 들어오는 꽃가루를 빨리 잡아 몸 밖으로 내친다(사진 2, 3). 재채기의 순간 콧바람 속도는 시속 200~400km로 엄청나게 빨라 들어오는 꽃가루는 즉시 밖으로 쫓겨난다. 아주 효과적인 퇴치 방법이다. 천식은 이런 알레르기가 심하게 일어나는 병이다. 허파와 연결된 기관지의 점막에 알레르기성 염증이 생기면서 기관지가 좁아져 색-색 소리가 나는 것이다. 알레르기 증상 자체는 괴롭지만 몸을 방어해 주는 이런 좋은 점도 있다.

알레르기가 이렇듯 인체에 득이 되는 정상적인 '퇴치 행위' 혹은 '경보 사이렌'이라는 학설은 2012년 과학 잡지 '네이처Nature'에 소개됐다. 아토피 피부염도 알레르기의 한 형태라면 그런 피부염이 있는 게 몸에 득이 된다는 말인가? 실제로 아토피 피부염과 천식이 동시에 있는 환자는 대장암 사망률이 17%나 낮다고 미 알레르기 학회에 보고됐다. '알레르기가 인체에 득이 된다'고 해서 알레르기에 시달리라는 이야기는 물론 아니다. 다만 그런 긍정적인 점도 있으니 너무 절망만 하지 말라는 뜻이다.

꽃가루 · 진드기에 놀라 제 몸에 '총질'

지난 15년간 세계적으로 알레르기 환자는 2배 이상 증가했다. 특히 선진국인 미국, 유럽 인구의 40%가 아토피 피부염, 천식 · 알레르기성 비염에 시달리고 있다. 병으로 죽는 사람은 줄지만 알레르기 환자가 늘어나는 기현상이 벌어지고 있는 것이다. 깨끗한 환경이 오히려 알레르기 관련 질환을 키우는 '아이러니'한 현상이다.

반대로 다른 생명체와의 접촉이 많으면 알레르기 질병이 적다. 좁은 공간에서 같이 사는 대가족의 아이들은 다른 사람의 균, 예를 들면 감기 바이러스 등과 자주 접하게 된다. 우리나라처럼 국이나 찌개를 같이 떠먹는 경우, 아이들은 다른 사람의 헬리코박터균을 접하게 돼 아토피가 적어진다. 특히 농가에서 가축을 자주 접하는 아이들의 경우 월등하게 아토피 피부염 발생률이 낮다. 이런 데이터가 의미하는 것은 많은 종류의 생물, 그중에서도 우리 몸의 면역을 자극하는 병원균이나 기생충 등에 접한 경험이 많은 아이들의 아토피 피부염 같은 알레르기 질환의 발생률이 낮다는 것이다.

우리 몸의 면역은 태어나면서부터 길들여져야 한다. 마치 새로 산 자동차를 길들이려면 고속도로에서 액셀을 힘껏 밟아 달리듯이 면역 시스템을 미리 가동시켜 줘야 한다. 병에 걸릴 만큼 강한 병원균이 들어와 면역 기능에 강력한 '펀치' 한 방을 날리면 딱 좋겠지만 그 정도가 아니어도 된다. 장내 점막은 인체 면역세포의 80%가 몰려 있는 곳으로 점막과 늘 접하는 장내 세균이나 기생충은 근처의 면역 세포들에 늘 살살 '잽'을 날린다(사진 4).

이런 잔매에 익숙해진 인체 면역세포들은 웬만한 세균만으론 호들갑스럽게 면역시스템 전체에 경보를 올리지는 않는다. 즉, 외부 침입자 중 사소한 것들은 봐준다는 얘기다. 이런 '길들이기' 과정이 없이 자란 아이의 면역체계는 아주 예민해서 사소한 외부 물질과 닿기만 해도 난리를 일으키게 된다. 꽃가루를 적으로 인식해서는 경보를 발령해 콧물을 줄줄 흘린다. 마치 대규모 전투가 벌어진 것처럼 예민하게 반응하는 것이 알레르기의 본모습이고 아토피 피부염의 원인이다. 아주 예민해진 인체 면역 체계는 심지어 자기 몸 안의 물질도 적으로 간주하고 공격한다. 이런 질환을 '자가면역 질환autoimmune disease'이라 부르며 아토피 피부염, 류머티스성 관절염 등이 해당된다. 결국 아토피성 피부 질환은 어릴 적에 길들이지 못해 너무 예민해진 면역체계가 꽃가루나 진드기처럼 흔한 물질에 놀라 자기 몸에 총질을 한 결과라고 봐야겠다.

아이가 흙에서 놀면 태열이 사라지는 이유

엄마 배 속에 있던 태아는 외부 침입자를 최대한 경계해야 하기 때문에 아주 예민한 상태로 면역체계를 유지한 까닭에 아토피 피부염 같은 '태열'이 있는 아이가 많다. 그런데 옛말에 '태열은 아이가 흙에서 놀면서 없어진다'고 했다. 흙이나 동물, 또래 아이들과 어울리면서 자연스럽게 외부 물질, 병원균들과 접하고 잔병치레를 하며 없어진다는 것이다. 이처럼 면역에 '잽' 같은 잔매를 맞은 아이들은 아토피 피부염에 걸릴 확률이 상당히 낮다. 지금 도시의 아이들은 흙에서 놀 기회도, 여러 가족과 접촉할 기회도 없다. 또 간단한 잔병에도 광범위 항생제를 사용해 장내에서 면역

훈련을 하게 돕는 장내 세균도 줄어들었다. 그렇다고 이런 도시 아이들을 모두 농촌에 보낼 수는 없다. 다만 최대한 자연에서 시간을 보내는 노력이 필요하다.

아토피 피부염에 걸렸을 경우 치료 방법은 크게 두 가지다. 하나는 아예 피하는 방법, 즉 주위에서 아토피 피부염의 원인이 되는 물질을 모두 찾아 없애거나 접촉을 안 하게 하는 것이다. 다른 하나는 좀 더 적극적인 치료법으로 면역의 '맷집'을 키우는 방법이다. 최근 알레르기 물질을 조금씩 몸에 주사하는 방법이 연구·실행되고 있다. 예민해진 면역에 아주 약한 펀치를 날려 무뎌지게 하는 방식이다. 독일에서는 인체에 무해한 선충nematode을 장내에 넣어 기생충처럼 면역 기능에 작은 펀치를 날리도록 해 좋은 효과를 보고 있다. 물론 이런 인공적인 방법도 효과적이지만 자연적인 게 으뜸이다. 즉, 어릴 때부터 자연, 동물 그리고 여러 친구들과

아토피 피부염을 치유하는 방법은 어릴 때부터 흙 같은 자연환경과 자주 접하고 많은 사람과 함께 지내며 면역을 강화하는 것이다.

친하게 지내는 방식이 가장 효과적이다.

수천 년 동안에 사회는 빠르게 문명화됐지만 인체는 아직 그렇게 빨리 변하지 않았다. 인체는 자연에서 지내던 그 상태 그대로이다. 이제 어릴 적부터 아이들을 온실 같은 아파트에서 밖으로 내보내 흙도 만지고 지렁이도 접하게 하고 친구들과 모랫바닥을 뒹굴며 놀게 하는 게 아토피 피부염 같은 '현대병'에서 벗어나는 방법이다. '자연으로 돌아가라'는 장자의 철학이 정답이다.

06

·

시차로 괴로울 땐 햇빛·청색 LED가 특효약
생체시계

새벽에 전화가 울리면 뭔가 큰일이 났나 싶어 전화 받는 손이 덜덜 떨리기도 한다. 혹 어르신의 심장마비 사고가 아닐까. 실제로 심장마비 사고가 제일 많이 발생하는 시간이 새벽 1~5시쯤이다. 다른 시간대보다 발생률이 40%나 높고 결과도 더 치명적이다. 왜 그 시간대에 더 많이 일어날까. 혹시 심장은 지금 몇 시인지 알아서 그렇게 특별한 반응을 보이는 것은 아닐까. 정답은 '맞다'이다.

국내에서도 연 2만여 명이 사망하는 심장마비의 원인이 '생체시계'의 이상 때문임을 알려주는 연구가 2013년도 네이처Nature지에 소개됐다. 이 논문의 요지를 쉽게 풀어 말하면 오전 4시, 내 심장은 앞으로 5시간 후면 출근 때문에 심박수가 높아질 것을 알고 있어서 낮은 심박을 유지하며 휴식을 취한다는 것이다.

그런데 만약 신체시계가 지금을 새벽 4시가 아닌 오전 9시로 잘못 알고 심장박동수를 높인다면, 그리고 하필 그때 나의 심장혈관이 굳어 있거나 좁아져 있는 상황이라면, 게다가 피가 굳기 쉬운 겨울이라면 치명적일 수 있다. 이 경우 나는 죽음의 문턱을 넘나들게 될지 모른다. 내 몸의 시계는 지금 대한민국의 표준시간에 잘 맞추어져 있는지 한 번 점검해 볼 필요가 있다는 의미다.

시차는 실수를 유발시킬 수 있다. 한 예로 작업 시간대가 바뀌는 교대 근무자들의 50%가 집중력을 갖는 데 애를 먹는다. 시차를 빨리 극복할 수 있는 방법은 없을까? '멜라토닌'이라는 수면조절 약을 먹거나 햇볕을 최대한 많이 쬐면 좋다. 시차를 줄이겠다고 약까지 먹는다는 게 생뚱맞다면 쨍쨍한 햇볕을 쬐는 게 인체 시계를 '지금'에 맞추는 가장 효과적인 방법이다. 그렇다면

시침이 없는 시계는 망가진 시계다. 그처럼 사람도 외부 시간을 느끼는 시간 유전자에 이상이 생기면 우울증이 나타난다.

햇볕만 되는가? 전등 빛은 안 될까? 그리고 도대체 생체시계는 어떻게 시간을 아는 걸까?

사람의 생체시계는 눈 바로 뒷부분, 뇌의 중앙 하단에 있는 '시신경 교차상핵'이라는 곳에 있는데 시침과 분침이 찰칵찰칵 돌아가고 있다. 생체시계는 크게 3부분으로 구성돼 있다. 24시간마다 켜지는 '24시간용 스톱워치', 지금이 낮인지 밤인지를 알려주는 '바깥시간 확인 장치', 그리고 지금 시간에 장기는 뭘 해야 할지 온몸에 알려주는 신호 호르몬을 만드는

'신호 송신장치'이다(사진 1).

24시간 기준으로 도는 스톱워치, 생체시계

생체시계는 24시간을 기준으로 도는 일종의 스톱워치다. 어떻게 24시간이라는 주기가 생길까. 태엽을 감는 괘종시계는 태엽의 힘으로 톱니바퀴가 돌아가고, 톱니바퀴가 일정한 속도로 돌기 때문에 1분 혹은 1시간을 초 단위까지 정확히 알 수 있다. 하지만 생체시계의 경우 한 사이클이 24시간인, 연속된 생화학 반응이 뇌 속 시계세포 속에서 진행된다. 최근 과학자들이 여러 사람의 생체시간을 측정했더니 24시간 ±11분이 나왔다. 평균 24시간이다. 이런 생체시계는 빛이 없는 깜깜한 동굴에서도 잘 돌아간다. 그런 시계는 동물·식물·곰팡이, 그리고 박테리아에도 있다.

그런데 왜 24시간일까. 가장 그럴싸한 답은 유전자 보호 전략이라는 것이다. 세포는 자라면서 유전자 복제를 할 때 실타래처럼 꽁꽁 뭉친 유전자가 풀리면서 가닥이 둘로 나뉜다. 두 줄로 꼬여 있을 때보다 한 줄씩 나

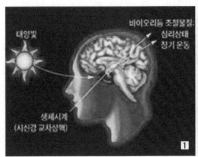

1 눈으로 들어온 빛으로 시간을 감지하는 생체시계는 뇌(시신경 교차상핵)에 있으며 심리상태, 장기운동 등의 바이오리듬을 조절하는 물질을 만든다.
2 권투선수 알리가 앓은 파킨슨병은 생체시계 조절물질(도파민)의 이상에 의해 생겼다.

뉘면 자외선에 훨씬 약하다. 유전자 복제 때 햇볕의 자외선을 받으면 유전자가 변해 돌연변이가 생길 수 있다. 자기 자신을 유지하는 일이 생물의 지상 과제인데 유전자가 변하면 곤란하다. 따라서 강한 자외선이 없는 밤에 유전자를 복제하는 것이 살아남기에 유리하다. 이런 이유에서 생물은 밤낮을 구분하는 방법을 진화시킨 것이고 수억 년 동안 지구의 자전 주기인 24시간에 맞게 생물체 내에 '24시간용 스톱워치'가 만들어졌다는 것이다.

예를 들어 출장자가 뉴욕 공항에 내렸는데 밖은 환한 대낮이고 공항 시계는 낮 12시라고 하자. 일단 내 손목시계를 12시에 맞춘다. 뉴욕시간이 낮 12시인 것을 공항시계가 알려주듯 생체시계에도 뉴욕이 정오인 것을 알려주는 게 필요하다. 그때 필요한 신호는 햇빛이다. 빛의 신호는 눈을 통해 뇌로 전달된다. 생체시계가 위치한 곳이 눈의 바로 뒷부분인 것도 이런 이유다.

눈의 '강글리온 세포'는 빛에 가장 예민하게 반응한다. 특히 청색 빛에 잘 반응해 강한 햇빛이나 청색 LED 빛을 받으면 생체시계는 지금이 낮시간이라고 여긴다. 그러니 뉴욕에서 시차를 극복하는 가장 효과적인 방법은 강한 햇볕을 쬐거나 청색 LED빛을 쬐는 일이다. 청색 LED는 미 항공우주국NASA에서 우주인들이 시차를 조절하고 가장 활동적인 낮의 리듬을 유지하기 위해 우주선 내에서 쬐는 빛이기도 하다. 따라서 뉴욕 도착 후 약한 전등이 켜져 있는 호텔 내에서 CNN 정오 뉴스를 보는 것은 시차 극복에 전혀 도움이 되지 않는 셈이다. 그러나 태양 빛을 한번 쬔다고 생체시계가 스마트폰처럼 단숨에 바뀌지 않는다. 몸에 들어 있는 시간

관련 생체물질들이 모두 바뀌어야 하기 때문인데 보통 1시간 시차 적응에 하루가 걸린다. 예컨대 시차가 8시간 나는 파리에서 서울로 왔다면 최소 8일이 지나야 시간 조절 호르몬이 정상으로 바뀐다.

아침형 인간의 자녀도 역시 아침형

아침형 인간은 아침형 자식을 낳는다. 즉 일어나는 시간, 자는 시간 같은 것을 결정하는 요인은 시간에 관련된 유전자의 차이라는 것이다. 아침형 인간의 경우 아침 9시~오후 4시에 신체리듬이 최고 상태를 유지한다. 시간 유전자에서 어떤 신호가 만들어져 신체에 전달되는 속도가 가장 빠르고, 신체는 가장 맑은 상태다. 그러다 7시간쯤 지나면 바닥 상태가 돼 밤 11시쯤에는 졸려서 눈을 뜰 수 없게 된다. 일찍 자고 일찍 일어나게 되는 것이다. 이에 반해 저녁형 인간은 오전 11시~오후 6시에 신호 전달속도가 가장 빠르고 컨디션이 가장 좋다. 그래서 7시간쯤 뒤인 새벽 1시쯤 돼야 자게 되고 자연히 늦게 일어나게 된다.

이런 유전적 차이 때문에 아침형 인간이 저녁형 인간으로 바뀌기는 쉽지 않다. 하지만 50%에 해당하는 '중간형'은 아침형이나 저녁형으로 바뀔 수 있다. 즉 시간대를 조금 바꾸는 것은 가능하지만 원래 기본 성향은 유지된다는 것이다. 생체시계에서 가장 중요한 것은 이런 신호물질에 따라 몸이 제대로 반응해 주는 것이다. 예를 들면 잠이 들게 하는 호르몬인 '멜라토닌'은 한밤중에 최고가 됐다가 새벽에 최저가 된다. 이게 잘 유지되면 우리는 밤 11시쯤 잠이 들고 오전 6시쯤 잠이 깨는 '정상적'인 수면을 할 수 있게 된다. 이렇게 몸이 생체시계의 신호에 따라 반응하는 것을 우리는 바이오리듬Biorhythm이라고 부른다. 예를 들면 밤에는 혈압과 심박수가 낮아지고 새벽녘에는 체온이 외부 기온과 상관없이 최저를 기록한다. 이런 바이오리듬에 변화가 생기면 사람들은 스트레스를 받고, 장기간 반복되면 병으로 발전한다. 실제로 시간 유전자를 제거한 생쥐의 비만도가 급증한 예가 있다. 어떻게 먹는가도 중요하지만 언제 먹는가가 몸에 직접적인 영향을 주는 것이다. 이 중에서도 바이오리듬에 가장 민감한 장기는 심장이다. 심장에는 뇌의 시계와는 다른 시계가 있으며 두 개의 시간 신호가 다른 경우 심각한 심장질환이 발생한다.

밤잠 설쳤어도 해 뜨는 아침에 눈떠라

1996년 올림픽 성화를 옮기는 권투 선수 알리의 손은 덜덜 떨렸고 몸은 금방 쓰러질 듯했다. 그가 앓고 있던 병은 파킨슨병이었다. 2013년 신경과학잡지Exp. Neurol에는 파킨슨병의 원인 중 하나로 신경전달물질(도파민)에 문제가 생겨 생체시계가 망가졌기 때문이라고 밝혔다(사진 2). 생체시계는 정신 상태에도 큰 영향을 준다. 2013년 미 국립과학회보PNAS에는 우울증 환자의 경우 시간을 느끼는 유전자가 작동을 하지 않는다는 결과가 실렸다. 생체시계가 심장·위 같이 계속 운동하는 장기뿐 아니라 정신건강도 좌우한다는 것이다. 이런 중요한 생체시계를 제대로 유지하는 방법은 무엇인가.

매일 나가던 직장을 그만두고 나면 쉬는 것도 하루이틀이다. 잠자거나 일어나는 시간이 고무줄처럼 들쑥날쑥 변한다. 이런 불규칙한 생활이 계속되면 심각한 건강 문제가 발생한다. 자고로 명퇴자나 백수일수록 생체시계를 정상으로 작동시켜야 한다. 생체시계를 정상으로 돌리는 가장 좋은 방법은 매일 아침 일찍 태양을 보는 것이다. 그 태양 빛이 생체시계를 제대로 돌게 한다. 어떤 소설가는 집에 좋은 작업실을 두고도 일부러 매일 아침 30분씩 걸어서 도서관에 가고 거기서 글을 쓴다고 했다. 시간을 본인 마음대로 쓸 수 있는 자유직업의 경우 오히려 일정시간에 일정한 일을 하는 것이 생체시계를 잘 돌리는 방법이다.

이제 본격적으로 열대야가 시작되면 잠을 설치고 생체리듬이 엉망이 될 수 있다. 밤잠을 설치더라도 해가 뜨는 아침 같은 시간에 눈을 떠야 햇빛으로 시간을 맞추는 생체시계가 제대로 돌아간다. 인간이 농경을 시작한 1만 년 전에 비해 지금은 무척이나 복잡 다양한 활동을 해 심지어 24시간 문을 여는 수퍼도 일상화됐다. 하지만 1만 년 전의 생체시계 유전자는 지금과 다르지 않고 같은 원리로 돌고 있다. 생활이 문명화됐다고 해

파킨슨병, 우울증 등 건강에 절대적 영향을 미치는 바이오리듬을 잘 유지해야 한다.

서 인간의 몸 자체도 바뀐 것은 아니다.

바이오리듬을 지키는 방법은 간단하다. 빛이 환한 아침에 일어나 태양빛 아래에서 일하고 밤이 되면 불을 끄던 자연의 순리를 따르는 것이 최고다. 주경야독晝耕夜讀이 아닌 주경야면晝耕夜眠이 건강의 지름길이다.

07

백인이 흑색종 잘 걸리는 건 자외선에 약하기 때문
피부색은 왜 다른가

여름철 피서 시즌이다. 약간 그을린 피부가 매력적이라는데 해변에서 선탠을 한번 해볼까? 하지만 조심스럽다. 미국 유학시절 덩굴옻나무에 긁혀 부은 다리 때문에 피부과 진료를 받은 적이 있다. 하지만 의사는 벌겋게 부어 오른 피부보다는 어깨에 있는 검은 점을 더 걱정했다.

한국 병원에서는 별 이야기를 하지 않던 검은 점에 대해 미국 의사가 신경을 쓰는 이유는 바로 악성피부암인 흑색종melanoma 때문이었다. 의사의 흑색종 판단 기준은 피부 점이 다음 어디에 해당하는가이다. 그 점이 비대칭이고, 테두리가 불규칙하고, 여러 종류의 색이고, 크기가 6mm 이상이면 흑색종일 가능성이 크다는 것이다. 내 어깨의 점은 6mm였다. 조직검사 결과를 기다리는 1주일 내내 마음고생을 했지만 다행히 암은 아니었다. 그 뒤로 필자는 사우나에서 다른 사람의 몸에 난 점을 유심히 관찰하는 '이상한' 버릇이 생겼다.

미국인들에게 피부암은 발생률 1위의 암으로 전체 암의 50%에 육박한다. 그중 악성인 흑색종은 피부암 전체의 2%도 안 되지만 피부암 사망자의 80%가 흑색종일 만큼 치명적이다. 특히 피부에서 다른 장기로 전이된 경우는 5년 생존율이 15% 미만일 정도로 위험하다. 이에 반해 동양인의 피부암 전체 발생률은 백인의 20%밖에 되지 않으며 한국의 경우 피부암은 전체 암의 1.7%에 불과하다. 흑인의 피부암 발생률은 더 낮아서 백인의 4%다. 피부암 발생률을 기준으로 한 피부 건강 측면에서는 흑인이 백인보다 월등하게 우수한 피부를 가지고 있는 셈이다. 백인들이 피부암에 잘 걸리는 이유는 흰 피부가 의학적으로 외부환경, 특히 태양 빛에 약하기 때문이다.

흑인 피부암 발생률은 백인의 4%

옛 속담에 '봄볕에는 며느리를 내보내고 가을볕에는 딸을 내보낸다'고 했다. 봄볕에서는 얼굴이 검어지고 기미, 주름살이 생기기 때문이다. 예전 시어머니가 오랜 경험으로 가지고 있던 지식은 놀랍게 과학적이어서 실제로 봄의 자외선은 가을의 두 배나 세다. 자외선이 피부의 가장 큰 적이라는 사실을 이제는 누구나 잘 알아서 요즘 사람들은 피부 건강에 관심이 크다.

햇빛 속의 자외선은 A · B · C 형으로 구분되는데 자외선 C는 성층권에서 오존에 흡수되고 자외선 A · B만 지구에 도달한다. A는 유리창을 통과해 피부 깊숙이 침투한다. 이렇게 생활 속에서 늘 받고 있다고 해서 '생

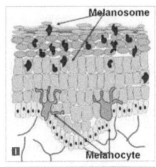

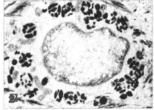

1 외곽 피부 세포의 SOS 신호를 받은 멜라닌 생성세포Melanocyte는 생성된 멜라닌을 가득 채운 색소 주머니 Melanosome를 급파한다.
2 자외선을 받은 세포가 핵(가운데 둥근 부분) 속의 유전자를 보호하기 위해 멜라닌 색소 주머니(검은 반점)로 둘러싼다.

활 자외선'이라 불리는데 비교적 순한 놈이다. 반면 B는 유리를 통과하지 못하고 야외에서 활동을 할 때 많이 받는 까닭에 '야외 자외선'으로 불리는데 조금은 독한 놈이다. 정도의 차이가 있지만 A · B 두 놈 모두 피부 세포에 손상을 준다.

자외선이 피부를 투과하면 유전자를 포함한 세포 내 물질이 변형 · 파괴된다. 유전자 변형은 돌연변이, 즉 암세포를 만든다. 피부화상을 입을 정도의 햇빛을 다섯 번만 쬐어도 피부암 발생률이 2배나 높아진다는 연구 결과가 나와 있다. 이러하니 자외선이 피크인 8월 대낮에, 맨몸으로 백사장에서 선탠을 한다면 대단히 위험할 수밖에 없다. 자외선은 또 활성산소라는 유해물질을 피부 내에 만든다. 이 물질은 아주 산화성이 강해 세포를 늙게 만들고 콜라겐을 파괴해 주름살을 만든다. 자외선의 이런 공격에 피부는 속수무책 당하고만 있을까?

물론 무방비로 당하고만 있지는 않는다. 가장 먼저 하는 일은 검은 색소, 즉 멜라닌 색소를 만들어서 자외선을 막는 일이다. 피부 표면에 있는 세포가 태양빛 속의 자외선을 받으면 SOS 구조 신호를 피부 아래의 멜라닌 생성 세포Melanocyte에 보낸다(사진 1). 구조 신호를 받은 세포는 색소 주머니(멜라노솜)에 멜라닌을 가득 채워 급파한다. 신속하게 '현장'에 도착한 멜라노솜은 자외선 공격을 받고 있는 세포의 핵을 둘러싼다(사진 2). 핵 속의 유전자를 보호하기 위해 둥그렇게 둘러싸는 모습은 얼룩말이 새끼들을 보호하기 위해 둘러싼 장면을 연상하게 한다. 멜라닌 색소는 또 자외선으로 인해 피부 내에 생성된 해로운 물질인 활성산소를 없애는 역할도 한다. 해로운 활성산소를 제거하는 물질을 항산화제antioxidant라 부르는데 과일 속의 비타민C 등이 대표적이다. 결국 멜라닌 색소는 자외선에 의해 생긴 두 가지 문제, 즉 유전자 손상과 활성산소 문제를 동시에 해결하는 피부의 구원자이고 강력한 방어물질인 셈이다. 이런 의미에서 멜라닌 색소를 많이 만드는 흑인이 지구라는 곳에서는, 즉 햇빛과 함께 살아가야 하는 이 지구에서는 백인보다 생물학적으로 유리하다는 이야기다. 단지 검다고 역사적으로 멸시를 당했던 흑인들이 신체 조건에서는 한 수 위인 셈이다.

피부 색소 차이는 유전적으로 미미

얼굴색이 흰가 검은가를 결정하는 멜라닌 색소에 관여하는 유전자 종류는 지금까지 212개로 밝혀졌다. 상당히 복잡할 것으로 예측된다. 하지만 유전자 분석·비교 기술의 발달로 밝혀진 백인과 흑인의 차이는 생각보다 간단하다. 흑인이라고 색소를 만드는 세포 수가 더 많지도 않다. 차이는 멜라닌을 만드는 주머니, 즉 멜라노솜 색소 주머니가 큰가 작은가, 그 안의 색소가 갈색인가 흑색인가로 결정되는데 이에 큰 영향을 주는 유전자도 몇 개 안 된다.

3 흑·백·황·갈색의 네 가지 피부색은 지구 여러 지역의 자외선의 세기 차이가 만들어낸 결과다.

이 몇 안 되는 유전자마저 흑·백 차이가 크지 않다. 2007년, 2010년 학술지 '분자 생물학과 진화, 플로스 유전학'Molecular Biology and Evolution, Plos Genetics'엔 멜라노솜(색소 주머니)을 만드는 여러 유전자 중 하나인 P 유전자 내 2500개 DNA 사슬(염기) 중 1개만 달라도 피부 밝기가 변한다는 논문이 실렸다. 결국 흑인과 백인의 피부 색소 차이는 유전적으로 아주 미미하다는 것이다. 인간이 진화 초기부터 흑인과 백인으로 나뉘어 있지는 않았고 인류의 조상이 거주 환경에 따라 진화했을 것이라는 것이 학계의 지배적 의견이다.

인류는 어떻게 흑인과 백인으로 진화한 것인가?

2013년 3월 과학잡지 '현대 생물학Current biology'에 실린 논문에 따르면 현생 인류의 조상, 즉 호모사피엔스는 16만 년 전 아프리카 중부지방에 살고 있던 많은 여성 중 한 명이었다. 이 여성이 속한 집단이 기원전 9만5000~6만2000년 전 아프리카를 떠났다는 것이다. 이 연구는 모계로만 유전되는 특별한 유전자인 미토콘드리아 내의 유전자가 얼마나 빨리 변하는가를 기준으로 추적된 것이다. 결국 현재 인류의 조상은 아프리카에서 살다가 유럽, 아시아 등으로 이주했다는 것이다.

다문화가정 힘들게 하는 피부색 편견

그런 의미에서 지구 인류의 조상, 즉 호모사피엔스는 흑인이었을 것이다. 왜냐하면 아프리카 중부지역은 자외선이 강해 그곳에 사는 인간은 자외선 방어 능력이 뛰어난, 멜라닌 색소가 많은 흑인이라는 뜻이기 때문이다. 이후 유럽으로 이주한 흑인 조상들은 햇빛이 약한 유럽에서 멜라닌이 더 이상 필요하지 않았다. 오히려 햇빛이 비타민D 합성에 필요해 유럽에서는 거꾸로 햇빛을 잘 받아들이는 흰 피부가 생존에 유리했다는 것이다. 요약하자면 현재의 백인들은 아프리카에서 살고 있던 흑인 조상들이 이주해 그곳의 자연환경에 맞도록 진화했다는 것이다. 흑인과 백인의 차이는 결국 인류 조상의 거주지 차이에 따른 결과인 셈이다.(사진 3)

'흑안세요설부黑顔細腰雪膚', 즉 검은 눈, 가는 허리, 눈 같은 피부. 예부터 전해오는 동양 미인의 조건이다. 흰 피부를 선호하는 경향은 최근 웰빙 붐, 미를 너무 중시하는 유행을 만들고 미백 화장품의 인기를 끌어올리고 있다.

피부의 건강 측면에선 검은색이 좋지만 마음은 흰 얼굴로 쏠리는 '어려운 문제'를 풀 방법은 무엇일까? 하나는 자외선 차단제를 바르거나 햇빛에 직접 노출되는 것을 피하는 것이다. 아니면 항산화제가 많이 든 야채, 과일을 많이 섭취해 피부 내 활성산소를 제거하는 방법이 있다. 활성산소가 줄면 멜라닌 색소도 덜 필요하다. 그러면 피부가 검어지지 않으면서도 멜라닌의 항산화 기능을 갖게 된다. 기능성 화장품은 이런 항산화 물질들이 피부에 잘 침투하는 것을 목적으로 한다. 희고 건강한 피부를 갖기란 과학적으로 쉬운 일이 아니다. 하지만 피부가 왜 태양빛에 검어지는지를 이해한다면 피부건강과 아름다움을 동시에 가질 수 있다.

한국 사람들의 '흰 피부 선호'는 때로는 사회적 갈등을 일으키기도 한다. 현재 국내 거주 다문화가정은 급증해 인구도 135만 명을 넘어서고 있다. 하지만 이런 가정을 긍정적으로 생각하는 비율(36%)은 유럽(74%)의 절반에도 못 미친다. 같은 다문화가정이라도 중국·일본 출신보다 동남아 출신에 대한 편견이 더 심하다. 동남아 지역은 적도에 가까워서 피부색이 우리보다 검은 편이다.

이런 피부색의 편견이 다문화가정의 주부와 아이들을 힘들게 한다. 외국인에게 친절하다는 한국인이지만 백인의 흰 피부에만 친절한 것은 아닌지 스스로 물어봐야 한다.

사람의 피부색이 다른 과학적 이유와 진화가 어떻게 이루어졌는가를
안다면 우리는 말할 수 있을 것이다. 피부색은 피부색일 뿐이라고.

Biotechnology

Chapter 4
지구 살리는 기술

보통 땅콩 잎(왼쪽)은 해충 애벌레의 먹잇감이다. 세균의 살충殺蟲 유전자가 첨가된 잎(오른쪽)을 먹은 벌레는
결국 죽고 만다(미국 농무부 자료)

01

가뭄에도 풍년 들게 할 유전자 지도와 유전자 가위
수퍼 쌀

"소년 잭은 소를 팔러 시장에 나갔다가 소 값 대신 콩을 얻어왔습니다. 마당에 떨어진 콩은 순식간에 하늘까지 닿았습니다. 나무를 타고 올라간 잭은 하늘에서 황금알을 낳는 닭과 하프를 가지고 내려왔습니다. 성난 거인이 쫓아 내려오자 잭은 도끼로 콩나무를 자르고 행복하게 살았습니다."

영국 동화 '잭과 콩나무'의 줄거리다. 잭의 '마술 콩'이 쑥쑥 자라는 것으로 봐서 아마도 세계 최초의 '유전자 변형 식물Genetically Modified(GM식물)'일 것이란 필자의 실없는 농담에 강의실이 일순 썰렁해진다. 세상 콩의 81%가 GM 콩인데 GM 콩은 지구의 식량난을 해결하는 '황금알을 낳는 닭'일까? 아니면 괴물 식물을 만들어내는 '무서운 거인'일까?

2012년 9월 '미국 식품독성학회'지에 주목할 만한 논문이 한 편 실렸다. 논문은 제초제에 견디는 유전자를 삽입한 GM 옥수수(NK603)가 쥐의 간·신장을 손상시키고 암을 일으킬 가능성이 높다는 내용이었다. 연구가 진행된 프랑스를 포함한 국제사회가 순식간에 논란에 휩싸였다. 논문 발표 후 프랑스 정부기관과 유럽식품안전청EFSA에선 두 차례의 검토 결과 실험 쥐의 숫자가 너무 적은 데다 유독 암에 잘 걸리는 종種의 쥐를 실험에 사용한 사실 등 실험 방법의 부정확성을 지적하며 논문의 내용을 인정하지 않았다. 논문은 결국 이듬해 11월 철회됐다.

국내 수입 콩의 70%가 GM 콩이다. 이들 중 대부분이 사료나 가공용으로만 사용된다고 하지만 가끔씩 터져나오는 안전성 관련 뉴스가 소비자들을 찜찜하게 한다. 콩엔 없던 세균의 '농약 저항성' 유전자를 콩에 집어넣으면 어떤 문제가 생길지 모른다며 걱정하는 사람도 많다. 조금 더 자연스럽게 식물을 육종育種하는 방법이 없을까?

GM 식품 안전성 논란 핵심은 외부 유전자

필자의 유학시절인 1990년에 방문한 미국 몬산토 연구소는 온통 온실천지였다. 농약을 주로 합성했던 화학실험실에서 식물연구실로 변신한 것이다. 당시 몬산토 연구소는 제초제인 '라운드업'에 잘 견디는 유전자를 박테리아(세균)에서 분리한 뒤 이를 옥수수 유전자에 끼워넣는 작업을 하고 있었다.

이를테면 온실은 이렇게 만든 GM 옥수수가 실제로 어떻게 자라는지를 관찰하기 위한 장소였다. 이렇게 만들어진 GM 옥수수·GM 콩은 1996년부터 재배되기 시작했다. 그 사이 세계의 재배면적은 100배나 늘어 현재 전체 콩의 81%, 옥수수의 35%가 GM 씨앗으로 재배되고 있다. 제초

미래 식물 육종 기술의 핵심은 유전자 정보에 근거한 '족집게' 개량이다.

제 저항성인 GM 옥수수 · GM 콩은 콩 · 옥수수의 수확량을 늘리는 데 일조했다. 제초제를 뿌려도 GM 식물은 죽지 않고 잡초만 죽기 때문이다. 이른바 제1세대 GM 식물들은 성공을 거둔 것처럼 보였다.

하지만 GM식품에 대한 찬반은 개발 초기부터 평행선을 달리고 있다. 지구 식량난 해결책이란 찬성 측 주장과 종자 독점, 생태계 혼란 우려 등 반대 측 의견이 아직도 팽팽하다. 상품화된 지 20년이 지났지만 일반인들에게 '안전한 식량기술'로 인정되기엔 앞으로도 넘어야 할 산이 많아 보인다.

GM 식물, 특히 식품의 경우 우려의 핵심은 원래 식물엔 없던, 즉 다른 종種의 유전자를 집어넣었다는 것이다. 다른 종의 유전자와 단백질이 콩에 삽입된다 하더라도 사람의 위胃에서 대부분 분해돼 별 영향이 없을 것 같다. 하지만 수백, 수천 년을 먹어온 전통식품처럼 안전하다는 확신을 소비자에게 100% 심어줄 만한 연구결과와 데이터가 나와야 일반인들은 안심할 수 있을 것이다. 이처럼 외부 유전자를 삽입하지 않고 좀 더 '자연스러운' 식물 개량 방안은 없을까?

비타민 A(노란색)가 풍부한 '황금쌀'은 저개발국 건강 증진 목적으로 개발됐다.

비타민 A가 풍부한 '황금쌀'엔 수

선화와 옥수수의 유전자가 들어갔다. 황금쌀을 필두로 과학자들은 식물 고유의 독특한 성질을 이용해 작물을 개량하는 방법에 눈을 돌리기 시작했다.

'피톤치드'는 식물이 내뿜는 '화학무기'

요즘 동네 목욕탕에선 '히노끼'라 불리는 편백나무 욕조가 인기다. 편백나무의 상쾌한 향이 숨을 탁 트이게 해서다. 이 향기는 침엽수가 즐비한 산 속에서도 맡을 수 있다. 건강에 이롭다는 이 향기, 즉 '피톤치드 Phyton-cide' 때문에 삼림욕을 하는 사람이 많다. 비록 피톤치드란 전문 용어는 몰랐겠지만 우리 조상들도 바람을 쐬면 건강이 좋아진다고 생각해 호젓한 산 속에서 옷을 벗고 누워 풍욕風浴을 즐겼다. 요즘도 산 속에서 담요 하나만 둘러쓰고 명상을 하는 건강요법이 인기다. 피톤치드는 좋은 향수가 아니라 사실은 식물phyton이 내뿜는 항균물질cide이다. 알려진 5000종의 피톤치드는 모두 식물이 보유한 '화학무기'이다. 피톤치드는 잎을 갉아먹는 곤충이나 곰팡이를 공격한다. 이 화학무기 중에는 우리의 상상을 초월하는 '수퍼지능형 무기'가 있다.

진딧물처럼 떼로 움직이는 곤충 사이의 소통은 '곤충 페르몬'이란 냄새 물질을 통해 이뤄진다. 이 중 '경보 페르몬'은 주위에 적이 나타났을 때 전파되는 '튀어!'란 경보 사이렌이다. 식물은 이렇게 소통하는 진딧물에게 세 가지 화학무기를 내뿜는다. 하나는 진딧물의 경보 페르몬과 똑같은 물질이다. 이 냄새를 맡은 진딧물들은 진짜 적이 나타난 줄 알고 동시에 떼로 도망친다. 두 번째 무기는 진딧물의 천적인 말벌을 부르는 천적

호출 물질이다. 말벌은 진딧물의 애벌레에 침을 꽂고 그곳에 자신의 알을 낳아 진딧물을 몰살시킨다. 세 번째 무기는 마취 물질이다. 식물은 진딧물의 애벌레를 마취시켜 말벌이 쉽게 침을 꽂도록 돕는다.

이런 식물의 전략은 '이이제이以夷制夷', 즉 '손 안 대고 코 풀기'다. 이런 식물무기를 이용하면 진딧물을 죽이기 위해 살충제를 사용하거나 굳이 살충유전자를 삽입할 필요가 없다. 실제로 식물 A에 있던 이런 방어물질 생산 유전자를 식물 B에 삽입해 진딧물 제거 효과를 확인한 연구결과가 있다. 이 살충 유전자는 원래 식물이 갖고 있던 것이어서 박테리아(세균)에서 얻은 유전자를 식물에 끼워넣었을 때 혹시 있을지 모르는 위험성 걱정을 경감시킬 수 있다. 이처럼 식물이 원래 갖고 있던 고유의 능력을 개량·증폭시켜 새로운 품종을 만드는 것이 다음 세대 식물 개량의 연구 방향이다.

우리 선조들은 이미 오래전부터 이런 방법을 이용해 식물 속에서 우수한 종자를 골라왔다. 매년 거둬들인 많은 종류의 옥수수 중에서 씨알이 굵고 벌레가 먹지 않은 것을 골라 처마 밑에 매달아 놓은 뒤 이듬해 다시 심기를 수백 년 이상 계속해 왔다. 시간 여유를 충분히 갖고 식물 육종育種을 해온 셈이다. 하지만 이런 방법은 시간이 너무 많이 소요된다는 것이 약점이다. 전통적인 육종 방법은 일종의 확률 게임이다.

선인장의 장점을 벼에 접목하면…

어느 여배우가 영국의 소설가 조지 버나드 쇼에게 말했다.

"당신과 결혼하면 내 미모와 당신의 두뇌를 가진 아이가 나오지 않을까요?"

그러자 그가 되받았다.

"못생긴 내 얼굴과 덜떨어진 당신 머리를 닮은 아이가 나오지 않을까요?"

이처럼 원하는 성질을 가진 후손을 한 번에 얻을 확률은 사람이나 식물 모두 극히 낮다.

쌀을 주식으로 하는 우리에게 가뭄에도 잘 자라는 볍씨는 매우 중요하다. 아시아가 원산인 벼는 수확량이 높으나 가뭄·병충해에 약한 편이고, 아프리카가 원산인 벼는 수확량은 적지만 강인해 논이 말라도 오래 견딘다. 두 종류 쌀의 장점, 즉 가뭄에 견디면서 수확량까지 뛰어난 벼를 전통적 방법으로 육종하려면 15년이 필요하다. 두 종류를 교배해 얻은 씨앗을 모두 논에 뿌려 본 뒤 마른 논에서도 볍씨가 굵고 또 많이 달린 녀석이 있는가를 매번 확인하려니 시간이 그만큼 오래 걸린다. 수확량이 높은 아시아 쌀에 '가뭄에 잘 견디는 식물유전자'를 넣어주면 안 될까?

가뭄에도 잘 견디는 벼의 아이디어는 사막에서도 꿋꿋이 자라는 선인장에서 얻었다. 잎을 가시로 진화시켜 물의 증발을 최대한 억제하는 선인장은 몸 안에 '수퍼 보습제'를 갖고 있다. '트리할로스trehalose'란 당糖이다. 이 당은 알로에의 끈끈한 성분에도 포함돼 있다. 보습력이 뛰어난 트리할로스 유전자를 벼에 집어넣었더니 마침내 가뭄에 잘 견디는 벼가 탄생했다.

하지만 벼가 선인장의 도움을 받는 데는 한계가 있다. 이보다는 수확량이 많은 아시아 벼와 가뭄에 견디는 아프리카 벼를 혼합 육종시키는 것이 더 바람직하다. 전통적인 육종 대신 원하는 종만을 정확하게 효율적으로 섞을 수 있는 '족집게 육종' 방법이 없을까? 과학자들이 최근 그 답을 찾았다. 답은 식물의 '유전자 지도'와 '유전자 가위'에 있다. 즉 식물의 완벽한 유전자 순서를 알게 되고 또 원하는 유전자 부위를 아주 정확하게 잘라낼 '수퍼 유전자 가위'가 만들어졌다. 이에 따라 식물세포를 손바닥의 눈금처럼 들여다보는 '현미경 수술'이 가능해졌다.

욕심을 더 내보자. 가뭄에 견딜 수 있는 것과 동시에 이왕이면 제초제 없이도 잘 자라는 벼를 만들 수는 없을까? 2013년 미국 미시간대학 우스리카 교수는 벼가 가진 모든 '방어무기' 리스트를 완성했다. 외부 곰팡이·해충·추위·가뭄·장마 등 외부 스트레스에 대한 조절 유전자 196개를 찾아낸 것이다. 이 중엔 '잡초와의 경쟁'에서 벼가 이기도록 하는데 유용한 '방어무기'도 포함돼 있다. 이 '방어무기'를 잘 연구해 논에서 잡초가 자라도 벼가 낟알을 제대로 맺을 수 있게 한다면 뜨거운 땡볕에서 풀을 뽑거나 몬산토의 '라운드 업' 같은 제초제 농약을 사용하지 않아도 될 것이다.

차세대 식물 개량 기술을 확보해 식량 주권을 확보해야 한다.

GM 먹거리에 대한 대중의 불안 여전

그만큼 안전한 벼가 태어날 확률이 높아진다는 말이다. 물론 이렇게 만든 '수퍼 벼'가 100% 안전하단 말은 아니다. 이 '수퍼 벼'도 장기간에 걸친 연구를 통해 인체·환경에 대한 안전성이 100% 검증돼야 한다. 왜냐하면 식물생명체 내에서 유전자DNA가 과학자의 생각대로 움직여 줄지는 아무도 모르기 때문이다. 식물은 인간을 위한 존재가 아니다. 살아서 널리 퍼져나가는 것이 식물의 존재 이유다.

2050년엔 지구 인구가 90억 명이 된다. 지금도 12억 명이 하루 1.25 달러로 먹고사는 식량 부족 상황이다. GM기술은 이를 해결하는 데 유용한 인류의 소중한 자산이다. 하지만 이 기술은 세계인의 지지를 받아야 한다. 바이오 안전성정보센터(장호민 센터장)가 실시한 국내 여론조사 결과에 따르면 국민의 87%는 백신 치료제를 만드는 GM 바나나처럼 의약·산업용으로 쓰이는 GM 식물의 개발을 찬성한다. 이에 비해 먹거리인 GM 식품에 대한 찬성률은 47%에 머물러 있다. GM 먹거리에 대한 불안·불신이 여전하다는 것을 시사하는 결과다. 이런 불신을 넘어 차세대 식물 개량 기술이 국민들의 지지를 받아야 발전이 가능하다.

'잭과 콩나무'처럼 차세대 식물 기술이 황금알을 낳는 닭이 되고, 한국이 식량 주권국가가 돼 지구촌 다른 곳의 굶주리는 아이들을 도와주는 날이 빨리 오기를 바란다.

02

·

우주왕복선에 실린 밀알은 지구 밖 '생명유지 장치'
인공 광합성 시대

2001년 12월 5일. 미국항공우주국NASA 우주선 발사센터에서 카운 트다운을 기다리는 우주 왕복선 '엔데버'호에 특이한 물건이 하나 실렸 다. 밀알이었다. 한 번 발사하는데 소요비용이 엄청나고 우주정거장에서 의 연구비용은 가히 천문학적인데 왜 흔하디흔한 밀알을 싣고 갔을까? NASA가 실시한 연구는 바로 지구의 장래와 직결되는 것들이다. 쌈짓돈 으로 주식투자라도 하려면 최소한 미래유망분야를 알아야 한다.

20년 전에 IT 주식을 못 샀던 아쉬움을 이번에 풀어 볼 수 있을까? 고 교 시절엔 공부 잘하는 친구가 무슨 문제를 놓고 끙끙거리고 있는지 그 의 노트를 살짝 들여다보는 것이 시험 잘 보는 비결이다. 기말시험에 나 올 문제를 미리 아는 횡재를 할 수도 있어서다. NASA 연구원의 노트엔 '빛·식물·에너지'란 단어가 쓰여 있었다. 무슨 기술일까?

설악산과 내장산의 단풍이 다른 이유

10월의 설악산은 내장산과 컬러가 조금 다르다. 온통 붉은 내장산에 비해 설악산은 노랑·빨강·녹색이 뒤섞여 화가의 팔레트보다 색이 더 다채롭다. 낙엽이 지는 단풍나무(활엽수)와 녹색을 유지하는 소나무(침엽수)가 뒤섞여 있어서 설악산 천불동 계곡이 울긋불긋한 것이다. 날이 추워지고 물이 부족한 가을이 되면 나무는 곧 겨울이 다가온다는 사실을 몸으로 체득한다. 넓은 잎을 가진 활엽수는 스트레스에 적응하기 위해 생기는 식물호르몬인 '엡시스산 ABA, abscisic acid'으로 신호를 보내 월동越冬 준비를 한다. 빛과 물을 이용한 '광합성'을 해서 여름 내내 나무를 먹여 살리던 잎은 이제 그 '공장 문'을 닫아야 한다.

잎의 공기구멍을 통해 겨울에도 물이 계속 증발한다면 물이 부족한 겨울에 나무는 말라 죽게 된다. 살아남기 위해 활엽수가 잎과 줄기 사이를 땜질하면, 물 공급이 끊긴 잎 내부에선 광합성의 주역들인 엽록소가 하나둘씩 죽음을 맞는다. 먼저 녹색 엽록소가 분해되면서 녹색이 사라진다. 남아있던 안토시아닌의 붉은 색이 비로소 나타난다. 그동안 다수의 녹색에 가려져 있던 이 색소가 마지막 순간에 '나 여기 있었소!'라고 하면서 산을 붉게 물들인다. 10월에 볼 수 있는 이 붉은 색소도 11월이 되면 사라진다. 그러면 원래 골격인 리그닌 성분 때문에 잎은 갈색을 마지막으로 땅에 떨어진다.

불교에선 큰 스님이 입적하면 불로 모든 것을 사르는 '다비식茶毘式'을 한다. 다시 맞을 봄을 기약하며 붉게 물들었다 떨어지는 낙엽과 윤회의 새로운 삶을 위해 몸을 태우는 불교의 다비식은 모두 내일의 탄생을 준

비하는 과정이다. 긴 겨울을 지나서 기온이 오르고 태양이 강해지는 봄이
되면 식물은 사이토카인 성장호르몬을 만들어서 겨우내 잠자고 있던 세
포들을 깨운다. 땅속에서 겨울을 버티면서 극소량의 물을 나무에 공급하
던 뿌리도 다시 활발하게 펌프질을 한다. 새롭게 잎을 만들어 '광합성 공
장'을 다시 돌리기 시작한다.

지구를 떠받치는 식물의 광합성

식물의 잎엔 수백만 개의 '초미세 광합성 공장'이 점점이 박혀있다. 하
나의 공장은 두 개의 모듈module로 나뉜다. 첫째 모듈엔 빛의 광자에너지
를 잡는 안테나 같은 녹색 엽록소 분자가 있다. 이 분자는 아주 약한 단백
질로 구성돼 있지만 '도끼'처럼 강력하다. 빛의 에너지를 잡아채서 도끼
로 내리치듯 한방에 물(H_2O)을 쪼갠다. 이 '도끼질'로 만들어진 산소(O_2)
덕분에 우리가 숨을 쉴 수 있다. 둘째 모듈에선 '도끼질'로 튕겨 나온 고高
에너지의 전자로 수소(H)와 공기 속의 이산화탄소(CO_2)를 합쳐서 포도
당($C_6H_{12}O_6$), 즉 쌀·사과 같은 곡식을 만든다.

1772년 영국의 생물학자 프레스텔리는 유리 용기에 쥐를 넣고 밀봉하

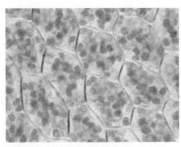

면 쥐가 질식해 죽지만, 밀폐된 유리
용기에 식물을 함께 넣으면 산소 덕
분에 산다는 원리, 즉 광합성을 증명
했다. 수억 년 전부터 식물은 산소와
곡식을 만들어 지금까지 지구를 떠받
치고 있다. 하지만 인간들의 욕심 탓

식물의 '광합성 공장'인 엽록체들.

에 지구는 서서히 녹초가 돼 더워지고 있다. NASA는 이 난제를 풀기 위해 끙끙거리고 있었다. 그런데 우주 정거장에서 무엇을 해보려고 평당 수십억 원인 우주선에 밀 씨앗을 싣고 갔을까?

태양 전지패널로 전기 대신 포도당을 만드는 연구가 진행 중이다.

우주 비행에선 무게가 돈이다. 장시간의 여행에 쓸 산소를 모두 싣고 가기보다 산소를 스스로 만들면 어떨까? 우주 정거장에 장기 체류하거나 미래에 달·화성 등에 사람이 거주할 때 산소는 어떻게 공급할까?

답은 아파트 거실에 있다. 필자의 아파트는 이중 창문으로 완전 밀폐가 가능하다. 만일 집안 전체가 모두 완전 밀폐돼 외부와의 공기 출입이 불가능하다면 죽지 않고 어떻게 몇 십 년을 살아남을까?

광합성은 지구를 떠받치고 있는 신의 선물이다.

장기 생존을 위한 거의 유일한 방법은 창 옆에 식물, 예를 들면 콩이 자라도록 하는 것이다. 콩은 햇볕을 이용해 공기 중의 이산화탄소와 물을 산소와 포도당(콩)으로 만들어 준다. 이렇게 되면 완전 밀폐돼도 살아남을 수 있다. NASA 연구원도 우주정거장 내에서 외부 공급 없이 스스로 숨을 쉬고 살 수 있는 '폐쇄 생명유지 장치'를 만들기 위해 밀알을 우주선에 실은 것이다.

인공 광합성으로 청정에너지 제조

우주 정거장의 내부처럼 지구도 밀폐된 공간이다. 지구에서 살아남으려면 사람 · 공장 굴뚝 · 자동차가 내뱉는 이산화탄소를 식물이 모두 흡수해 다시 산소로 변환시켜야 한다. 안 그러면 조금씩 이산화탄소 농도가 높아져 태양열이 빠져나가지 못하게 되고 지구가 더워지는 '지구 온실-온난화' 현상이 심화된다. 점점 더워져 남극의 얼음마저 모두 녹아 지구

빛을 받은 인공 광합성 패널이 물을 분해해 산소와 수소 가스를 만들고 있다.

에 큰 재앙이 닥치기 전에 우리는 어떤 일을 해야 할까? 식물의 광합성 원리를 모방해 태양열을 잡아채는 '인공 광합성'을 하는 것이 한 방법이다.

필자의 지인은 자신의 집에 친구들을 부른 뒤 꼭 옥상으로 데려간다. 그 집 옥상엔 탁구대 5개 크기의 태양 전지 패널이 설치돼 있다. 여기서 만들어지는 전기를 집에서 사용한 뒤 남은 것은 한국

전력에 파는데 그 수익이 쏠쏠하다고 자랑한다. 하지만 전기는 저장·운반이 어렵다. 빛의 에너지를 이용해서 수소가스를 만들면 어떨까? 수소가스를 액화시키면 저장·운반하기 쉬워진다. 또 수소가스는 태우면 이산화탄소 대신 물이 생기는 무공해 청정연료다. 이미 수소로 발전해 움직이는 수소-전기자동차가 상용화됐다.

하지만 현재 수소는 땅 속의 원유를 분해해 만들므로 지구의 원유 고갈 문제 해결에 별 도움이 안 된다. 광합성을 이용해 수소를 만들 수 있을까? 수소는 물을 전기분해하면 생긴다. 전기는 광합성의 첫 모듈에서 만들 수 있다. 잎의 광합성에 사용되는 색소 대신 반도체 물질 등을 이용해 잎의 광합성을 모방하는 '인공 광합성'이 미래기술로 뜨고 있다. 그 첫 단추인 '빛 에너지 잡아채기' 기술 분야에서 놀라운 성과들이 나오고 있다. 올 8월 저명 학술지인 '네이처 매터리얼Nature Materials'엔 나뭇잎 속에 초미세超微細 나노카본튜브nano carbon tube를 삽입해 전기 발생속도를 3배나 증가시킨 연구결과가 발표됐다.

또 독일 연구팀은 새로운 금속 복합체를 이용하면 잎의 광합성이나 지금의 태양 전지 패널보다 6.5배나 빨리 빛을 잡아챌 수 있다고 밝혔다.

식물의 잎은 인간의 기술보다 몇 수 위

인간이 신의 창조물인 잎의 성능을 앞선 것일까? 그렇진 않다. 잎은 인간보다 몇 단계 고수다. 빛을 잡을 때도 무리하는 법이 없고 느긋하다. 잎으로 쏟아지는 태양 광자의 10%도 채 잡지 않는다. 특히 녹색 빛을 잡지 않고 반사하기 때문에 잎이 녹색으로 보인다. 잎은 태양의 열선熱線인 적외선도 잡지 않는다.

왜 식물은 빛을 몽땅 잡아서 사용하지 않을까? 식물은 굳이 힘들여 빛 에너지를 100% 잡지 않아도 충분한 양의 포도당을 만들 수 있기 때문이다. 식물은 자신들이 생존하고 자자손손 이어가는 데는 지금 상태로도 전혀 문제가 없다고 여긴 것이다. 오히려 빛을 100% 다 잡는다면 열로 인해 잎이 타 버릴 것이다.

연구자들이 잎으로부터 진짜 배우고 싶은 것은 잡아챈 빛에너지를 사용해 이산화탄소를 포도당으로 만드는 두 번째 모듈 기술이다. 그래야만 지구의 이산화탄소가 줄어들고 재순환되기 때문이다. 인공 광합성의 첫 모듈은 '도끼질' 한 번의 간단한 반응인 반면 둘째 모듈에선 고난도의 연속 합성 반응이 일어난다. 정교함이 요구되는 20단계를 거쳐야 포도당이 만들어진다.

빛의 광합성 분자를 모방해 첫 번째 모듈인 빛에너지 잡아채기를 성공해 탄력을 받은 과학자들은 요즘 두 번째 과제에 도전하고 있다. 아직 걸음마 단계이긴 하지만 간단한 유기물인 포름산·메탄올을 만드는 데는 성공했다. 비록 생산 효율이 식물 광합성의 20%에 머물러 있지만 과학자들이 확실하게 믿고 있는 구석은 따로 있다. 한국과학기술원(KAIST) 박찬범 박사는 "식물의 광합성은 수억 년 동안 진화해온 보배로 여기에 답이 있다"고 말한다. 세계 최고의 과학자들이 나뭇잎을 뚫어지게 쳐다보고 있는 이유다.

감귤은 제주에서 나주로, 사과는 상주에서 평창으로 재배지가 빠르게 북상하고 있다. 한국이 아열대 지역으로 급변하고 있는 증거란 해석도 나온다. 지구촌의 지구 온난화 · 원유 고갈은 이제 시간문제다.

확실한 해결책은 무엇일까? '하나님이 이르시되 빛이 있으라 하시니 빛이 있었다.' 성경의 처음에 나오는 말이다. 세상을 창조한 하나님의 첫 번째 프로젝트가 지구에 햇빛을 비추는 일이었다. 이후 식물을 만들어 에덴동산에 모든 것을 세팅하고 아담과 이브에게 선악과란 유혹을 준다. 원죄를 짓고 쫓겨난 인간이 반항이라도 하듯이 지구를 망쳐놓는다. 하나님은 '빛'이란 열쇠를 다시 준다. 과학자들이 '빛-인공 광합성'의 열쇠를 갖고 에너지 위기를 풀기 전까지 우리는 먼저 낙엽에게 한 수 배워야 한다. 추운 겨울을 나기 위해서 스스로 팔을 자르는 낙엽처럼 우리도 에너지 소비를 줄여야 한다.

한 겨울에도 반팔 차림으로 지내는 아파트, 문을 열고 에어컨을 돌리는 건물들, 이곳 주인들은 모두 설악산에 가서 직접 봐야 한다. '식물의 다비식'인 불타는 가을 단풍을.

03

중국발 미세먼지와의 동거, 앞으로 10년은 불가피
미세먼지

안개 속의 템스 강과 웨스트민스터 사원. 안개와 매연이 만나 스모그를 형성, 1952년 런던 스모그 참사를 불렀다. (1904년, 모네 작품, 파리 오르세 미술관)

"자동차 옆의 상점 간판 글씨가 보이지 않고 차들이 서로 들이받혀 뒤엉킨 거리에서 랜턴을 켰지만 눈 가리고 걷는 것 같았다."

1만2000명의 사망자를 낸 '살인 스모그'가 런던을 덮치기 시작한 1952년 12월 4일, 당시 장의사였던 스탠 클립이 기억하는 런던 시가의 모습이다. 추운 날씨로 석탄 난로와 자동차 통행량이 급격히 늘어나고 공기마저 안개와 겹쳐 움직이지 않자 런던은 잿빛 스모그에 갇혔다. 런던 템스 강의 낭만적인 안개가 살인적인 스모그로 변할 수 있다는 사실에 세계는 공포에 휩싸였다.

영국은 서둘러 대기오염방지법을 만들었다. 하지만 그 후에도 대도시의 하늘은 크게 개선되지 않았다. 60년이 지난 2013년, 이번엔 중국 하얼빈시가 미세먼지에 마비됐다.

세계보건기구WHO의 건강기준을 40배나 초과한 미세먼지로 신호등까지 보이지 않아 모든 고속도로와 공항이 폐쇄되고 2000곳이 넘는 학교가 3일간 휴교했다. 먼 나라 영국에서 일어났던 강 건너 재앙이 이제는 코앞의 중국에서 우리의 목을 조르고 있다.

중국만을 탓할 것도 없다. 경제 규모 13위인 대한민국의 수도 서울의 대기오염도는 경제협력개발기구 OECD 국가 중 1위, 그것도 3년 연속이다.

서울 시내에서 남산타워가 제대로 보이지 않는, 뿌연 날이 많은 4월이

4월의 서울 하늘은 미세먼지 · 황사 · 꽃가루로 뿌옇다.

다. 황사와 미세먼지를 '지나가는 봄바람' 정도로 여겨도 괜찮은가? 호흡기 질환자에게 미세먼지는 독약 수준이라고 각종 매체는 수없이 경고한다. 그렇다고 하루아침에 중국이 모든 석탄보일러를 내버릴 수도, 몽고가 고비사막을 나무로 채울 수도, 한국이 자동차를 반으로 줄일 수도 없다. 앞으로 최소 10년간은 미세먼지와 동거해야 할 판이다. 상한 음식이면 안 먹으면 되지만 공기 속에서 입을 다물고 살 순 없다. 밤낮으로 마스크를 쓰고 다니는 것 외에 할 수 있는 일이 없을까?

봄철 꽃가루처럼 미세먼지가 우리 몸에 기억돼 매년 4월이면 알레르기 '펀치'를 먹일 수 있다는 한 달 전의 연구 논문은 걱정스럽다. 이제 목이 한두 번 칼칼한 정도가 아니라 매년 4월의 뿌연 날이면 콧물·비염이 발생하고 천식이 심해질 수 있다.

황사·미세먼지·꽃가루가 날리는 4월이다. 대기와의 전쟁을 준비하자.

미세먼지는 1등급 발암물질

미세먼지는 심장마비를 일으킨다. 미세먼지가 우심실의 크기를 비정상적으로 늘리고 뇌로 가는 큰 핏줄인 경동맥을 두껍게 해서 심장마비의 원인이 된다는 2014년 미국 흉부학회와 2013년 미국 미시간대 의대 연구발표는 무섭다. 이제 미세먼지는 단순한 먼지가 아니라 '죽음의 먼지'로 통한다. 이런 이유로 2012년 WHO는 미세먼지를 1등급 발암물질로 분류했다. 서울 시내를 덮고 있는 뿌연 미세먼지가 1등급 발암물질이라니 저절로 입이 꽉 다물어지고 호흡이 줄어들 수밖에 없다.

봄철에 떠다니는 꽃가루들의 전자현미경 사진. 외부 돌출부가 알레르기를 일으킨다. 도시의 미세먼지에도 알레르기 유발 단백질이 포함돼 있다.

미세먼지는 두 가지 방법으로 병을 일으킨다. 하나는 미세먼지에 붙어 있는 중금속·황산화물(SOx)·질소산화물(NOx)이 폐 속의 세포에 염증을 일으키는 것이다. 다른 하나는 폐로 산소가 전달되는 허파꽈리肺胞(폐포)의 구멍들을 막아서 심장에 무리를 주는 것이다. 마치 자동차 엔진의 공기필터가 먼지로 막히면 엔진이 제대로 돌지 않듯이 부족한 혈중 血中 산소를 채우기 위해 심장은 더 빨리 뛰면서 심장에 무리가 가고 혈관 내에 염증이 생긴다.

후진국 병으로 알려진 결핵 환자가 국내에서 급증하고 있다. 한국의 결핵 발생률은 OECD 평균의 3배로 압도적인 1위다(2014년). 전문가들은 그 이유를 한국전쟁 당시 퍼진 결핵의 원인균이 몸에 들어온, 이른바 잠복 결핵환자가 많기 때문으로 추측한다.

최근 미국 뉴저지대 의대 연구진은 디젤 자동차의 배기가스가 인체면 역세포를 약화시켜 결핵균 퇴치효과가 떨어진다고 발표했다. 물론 이 연구 결과가 한국의 대기오염이 결핵환자를 급증시켰다는 직접적인 증거는 아니다. 하지만 OECD 국가 중 3년 연속 대기오염 1위와 결핵 발생률 1위가 서로 무관하지 않을 것으로 여겨진다.

확실히 4월의 대기는 우리를 불편하게 한다. 그중 꽃가루 알레르기는 꽃가루를 외부의 적敵으로 인식 · 기억했던 우리 몸이 이들을 내보내기 위해 재채기를 하거나 콧물을 흘리는 것, 즉 '과민한' 면역반응이다. 국민 100명 중 5명이 천식환자인데 천식이 있으면 기관지가 좁아져 숨쉬기가 힘들다. 꽃가루와 더불어 미세먼지, 특히 초미세먼지(PM2.5, 직경 2.5μm 이하 입자)도 실험동물에게 알레르기를 일으킨다는 연구 결과가 2014년 3월 유명 학술지PLoS에 실렸다. 미세먼지가 알레르기를 유발한다는 것은 조금만 미세먼지를 흡입해도 몸이 전년의 미세먼지를 기억해내 더 심하게 콧물 · 비염을 일으킨다는 의미다. 초미세먼지는 호흡기 질환 · 심장마비뿐 아니라 알레르기를 유발해서 기관지를 비롯한 호흡기 전반에 염증과 암을 일으킨다.

WHO가 미세먼지를 1등급 발암물질로 지정한 것은 이런 위험을 경고하기 위해서다. 그렇다면 위험물인 미세먼지는 왜 생기고 우리는 어떻게 대응해야 하나?

모래바람 속 차 꽁무니 따라가는 격

이집트 여행의 백미는 사막 한가운데에서의 일박一泊이다. 사막 입구 베두인 마을에서 사막 중심까지의 2시간 차량 이동에 동원되는 8대의 지프차는 최소 20년은 넘었고 창문은 사라진 고물 '오픈카'였다. 이것이 낭만이려니 했다. 하지만 상상 속의 고운 자줏빛 모래바람은 '낭만에 초쳐 먹는 황사'로 돌변했다. 앞서 가는 지프차들에서 불어오는 흙먼지와 시커먼 배기가스를 오픈카에서 두 시간 내내 뒤집어썼던 지인은 10년이 지난 지금도 그 여행을 추천한 필자를 원망한다. 영화 '아라비아의 로렌스'에서 주인공을 집어삼키는 아랍지역의 모래바람. 최근 영화 '미션 임파서블'에서 주인공 톰 크루즈를 뒤쫓는 두바이 모래폭풍. 모두가 황사의 원조다. 자연이 만든 황사와 사람이 만든 디젤 차량 꽁무니의 '검댕'이 합쳐진 것이 바로 '중국발 황사'이자 이집트 사막 미세먼지의 정체다. 필자 일행은 아름다운 풍경의 사막에서 최악의 미세먼지를 경험한 셈이다. 중국·내몽골에서 발생한 순수한 흙먼지가 독한 '중국발發 유해 미세먼지'로 변하는 이유는 황하 북쪽의 허베이河北 공업지대 굴뚝의 유해물질을 함께 담고 오기 때문이다. 허베이 공업지대는 세계 10대 대기오염 도시가 7개나 몰려 있는 '세계의 공장 굴뚝지역'이다. 여기서 나오는 굴뚝의 검댕이 황사와 만나서 한국을 덮친다. 한국 미세먼지의 약 40%는 중국에서 유래한다. 백령도에서 미세먼지량을 측정하면 '중국발' 바람이 불 때 그 양이 40%가량 늘어난다.

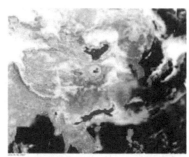

미국 농무부 연구에 따르면 토양에 함유된 미생물의 종류를 조사하면 이 흙이 어느 지역에서 왔는지를 알 수 있다. 시신에 묻은 꽃가루를 분석하면 어떤 지역에서 살인殺人 사고가 발생했는지를 짐작할 수 있는 것과 같은 이치다. 미세먼지 내의 미생물 데이터를 충분히 확보하고 있

중국 미세먼지의 이동 모습. (위쪽은 2007년 3월 30일, 아래쪽은 31일에 인공위성에서 촬영한 사진)

다면 미세먼지가 중국의 어디에서 발생하고 어떤 과정을 거쳐 한국에 도달하는지를 추적할 수 있다. 그만큼 한 · 중 협력에 의한 미세먼지 개선 가능성이 높아진다.

중국 미세먼지, 한국엔 위기이자 기회

미세먼지가 심한 날은 주부들에겐 괴로운 하루다. 온종일 방안에 갇힌 아이들이 엄마를 들볶기 때문이다. 초미세먼지(PM 2.5)는 아주 작은 '먼지 중의 먼지'이다. 쉽게 가라앉지 않고 쉽게 걸러지지도 않는다. 창문을 닫으면 실내에서 처음엔 줄어들지만 시간이 오래 지나면 실내 PM2.5는

오히려 높아진다. 효과적인 대비책은 PM2.5를 잡을 수 있는 초미세 필터인 '헤파HEPA'필터 공기청정기를 사용하는 것이다. 물을 자주 마시거나 실내 습도를 높이는 방법은 기관지에 걸린 먼지를 가래로 빨리 빼내기 위한 방법이다. 이슬비에 옷이 젖는다고 했다. 미세먼지에 장기간 노출되면 폐·심장에 무리가 온다. 미세먼지 경보가 발표되면 그날은 현명한 '36계'가 필요하다. 피하는 것이 최선이라는 말이다. 외출을 최대한 줄이고 마스크를 방독면 수준으로 밀착해서 써야 한다. 차량이 다니는 지역을 가능하면 피해서 배기가스로부터 멀어져야 한다.

위기는 기회다. 불가피하고 처치 곤란한 한국의 미세먼지가 위기라면 중국의 친환경산업 시장 확대는 기회다. 최근 캐나다 동부 해안도시인 밴쿠버의 아파트 월세가 2배나 올랐다. 원인은 중국 본토에 있었다. 공기 좋은 밴쿠버에 살려는 중국인 부유층들이 집을 사재고 있기 때문이다. 이제 중국은 더 이상 '잠자는 호랑이'가 아닌 '깨어난 사자'라고 중국 국가주석 시진핑이 말했다. 중국의 경제 규모는 세계 2위다. 100만 달러 부자만 270만 명이 넘는 부자 나라가 된 지 오래다. 중국의 대기오염은 지금은 골치이지만 한국엔 대기 관련 친환경 상품·기술을 팔 수 있는 절호의 기회다.

규모도 엄청나다. 한국의 한 해 예산에 맞먹는 435조원을 2017년까지 투자할 것이라고 한다. 낡은 차량 600만 대를 폐기하고 베이징시에 20만 대의 전기차를 운행시킨다는 계획이다. 검댕을 내뿜는 재래식 엔진이 아닌 효율이 45%나 향상된 차세대 엔진을 개발하는 최첨단 산업에 돈을 쏟아부을 예정이다. 2008년 베이징 올림픽 당시 '반짝 청소'했던 베이징 하늘을 이제는 세계 제1강국의 청정 하늘로 변화시키겠다는 것이 중국 정부의 의지다. 중국은 한국의 코앞 대륙이자 최대 시장이다. 중국의 굴뚝에서 검댕이 나오지 않아야 한국의 미세먼지가 사라진다. 때마침 중국이 '스모그와의 전쟁'을 선언하고 있으며 이달 3일엔 서울과 베이징 시가 미세먼지 개선에 합의했다. 한국은 이미 80년대부터 공장 굴뚝과 차량 배기가스 처리에 효율적인 대기오염 방지 기술을 축적했다. 국내 기술로 중국을 지원해서 '미세먼지 out, 위안화貨 in'의 두 마리 토끼를 잡았으면 좋겠다.

미세먼지는 우리 대기 상태엔 위기 요인이지만 중국 친환경 산업에 투자할 기회다.

04

인류 최초 플라스틱은 당구장 사람들 덕에 탄생
바이오 플라스틱

더스틴 호프먼이 주연한 1967년 영화 '졸업'에선 주인공이 대학 졸업을 앞두고 진로를 고민하는 장면이 나온다. 이때 아버지의 친구가 '중요한 사업정보'라며 주인공을 따로 불러 귓속말을 한다.

"한마디로 대세는…, 플라스틱, 플라스틱이라고."

바이오플라스틱으로 제조한 식기 등 주방용품.

마치 주식의 중요한 블루칩 정보를 흘려주듯 최고급 정보라고 던져 준 것이 '플라스틱'이란 단어였다. 실제로 블루칩처럼 플라스틱 산업은 탄생 이후 급성장을 거듭했다.

블루칩에도 브레이크가 걸렸다. 버려지는 플라스틱이 썩지 않아 생기는 환경 문제와 원료인 석유의 고갈 문제가 발목을 잡았다.

분자 종류, 결합 방법 따라 다양한 제품

플라스틱의 탄생은 우연이다. 미국에서 당구가 유행하던 18세기 후반, 뉴욕당구공협회는 현상금을 내걸었다. '상아로 제조하는 당구공을 다른 재료로 만들면 1만 달러를 주겠다'는 내용이다. 당시의 1만 달러는 지금의 2억원에 해당하는 거액이다. 무분별한 코끼리 사냥으로 상아 공급이 힘들어지자 내놓은 고육책이었다. 여러 시도 끝에 드디어 성공작이 나왔다. 소독약으로 쓰이는 페놀과 새 차·새 집의 냄새 성분인 포름알데히드를 뒤섞어 만든 '베이클라이트'였다. 이 최초의 플라스틱은 딱딱하면서 전기가 통하지 않아 전구소켓이나 스위치에 지금도 쓰인다.

플라스틱이란 단어는 그리스어 'plassein', 즉 '원하는 대로 주물러서 만들다'라는 의미다. 마치 아이들이 진흙을 빚어서 인형·그릇·병을 만들듯이 플라스틱 원료 알갱이 분자를 서로 연결시켜 고분자polymer(폴리머)로 만들면 원하는 형태가 얻어진다. 알갱이 분자의 종류나 결합시키는 방법에 따라 여러 종류의 플라스틱이 만들어진다. 현재 플라스틱의 3분의 1을 차지하는 폴리에틸렌PE, Polyethylene은 비닐봉지나 주방용 랩에 쓰인다. PE의 '사촌'이 페트PET다. 생수병·콜라병의 원료로, 투명한 데다 비닐봉지보다는 조금 딱딱해서 '쉬익'하는 콜라의 압력에도 잘 견딘다. 음료수 뚜껑·자동차 범퍼의 원료인 폴리프로필렌PP, 파이프·인조가죽의 PVC, 스티로폼·CD케이스의 폴리스티렌 등 10여 종 이상의 플라스틱이 널리 사용된다. 값싸고 편하고 오래가고 가벼운 플라스틱은 우리의

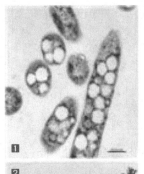

1 유전공학기술을 이용해 대장균 내에 만든 바이오플라스틱 원료 덩어리(흰색).
2 브라질에선 사탕수수 부산물로 비닐종이를 만든다.

삶을 편하게 만든다. 플라스틱 신용카드처럼 이제 플라스틱 없이 사는 세상은 상상하기 힘들다.

세상에 공짜는 없다. 플라스틱이 만든 편리하고 풍족한 세상에 두 개의 노란색 경고등이 켜졌다. 첫 번째 경고등은 회수가 안 되고 버려지는 플라스틱이 분해되지 않아 환경 문제를 일으키는 것이다. 두 번째는 얼마 남지 않은 석유 대신 다른 원료를 찾아야 하는 문제다.

바다 어류 37% 배속엔 미세 플라스틱

태평양의 한복판, 한반도의 7배나 되는 바다에 플라스틱 쓰레기가 모여 있다는 사실이 1986년 언론에 보도돼 큰 파장을 일으켰다. 이 플라스틱 쓰레기는 눈에 잘 띄지 않는다. 섬처럼 모여 있지도 않고 어망에 걸리는 법도 없다. 버려진 플라스틱들이 잘게 부수어져 콩알 크기의 미세微細 플라스틱으로 바다에 떠 있다.

눈에 보이는 플라스틱 쓰레기보다 잘 보이지 않는 미세 플라스틱이 더 위험하다. 미세 플라스틱의 농도가 지난 40년간 100배 이상 증가했다는 사실, 플라스틱 오염지대에 사는 바닷물고기의 37%가 위장에 미세 플라스틱을 지니고 있다는 점은 미세 플라스틱 오염이 이미 위험 수위에 도달했음을 시사한다. 물고기가 미세 플라스틱을 먹고 죽는 것만이 문제가 아니다. 2013년 12월, 과학 전문지 '커런트 바이올로지Current Biology'엔 미세 플라스틱이 환경 독성 물질인 DDT나 PCB를 스펀지처럼 흡수한다는 연구논문이 실렸다. 정말 큰일이다. 조그만 물고기가 플라스틱 조각을 먹으면 조각 내에 있던 독성 물질이 물고기 몸에 축적된다. 다시 큰 고기가 작은 물고기를 먹으면 독성 물질이 큰 물고기 몸 안에 차곡차곡 쌓이는 소위 '생물 농축' 현상이 생긴다. 사람이 독성 물질이 농축된 물고기를 먹는다면 재앙이다.

더욱이 지구의 70%에 해당하는 바다를 누가 청소할 수 있을까. 100년이 걸려도 지금의 플라스틱은 완전 분해가 안 된다. 새로운 플라스틱이 필요하다. 썩지 않는 기존 플라스틱의 대안이 '바이오플라스틱Bio-plastic'이다. 바이오플라스틱은 플라스틱의 부족한 원료(석유) 문제를 푸는 해법도 된다. 비유컨대 도랑 치고 가재 잡는, 일석이조다.

식물서 뽑은 알코올 젖산이 新 원료

지금의 소비 속도가 이어진다면 2060년이면 석유가 바닥을 드러낼 것으로 전문가들은 예상한다. 현재의 플라스틱 원료는 모두 석유다. 따라서 석유가 동나기 전에 다른 플라스틱 원료 물질을 찾지 못하면 우리는 플라스틱 없는 중세로 돌아가야 한다. 에너지로서의 석유를 대체하는 방안으론 원자력·태양열·풍력·바이오디젤 등 여러 대안이 제기됐다. 하지만 플라스틱의 원료인 석유를 대체할 것은 오직 석유의 조상인 식물뿐이다. 석유 대신 나무·옥수수·사탕수수·갈대 등 식물체에서 휘발유 원료와 플라스틱 원료를 뽑아내는 정유refinery기술, 즉 바이오-리파이너리Biorefinery 기술이 차세대 플라스틱 원료 생산의 핵심기술이다.

이 기술 개발은 크게 두 방향으로 진행 중이다. 하나는 식물체에 열을 가해 나오는 기체, 즉 '신가스Syngas'를 만들어 여기서 플라스틱 원료를 얻는 물리 · 화학적 방법이다. 다른 하나는 술을 만드는 발효 과정과 비슷하다. 사탕수수를 발효시키면 술의 주성분인 알코올이 나오고, 배추를 발효시키면 김치의 유산lactic acid(젖산)이 생성된다. 알코올과 유산은 모두 플라스틱의 원료가 된다. 예를 들어 나무나 옥수수 등 식물체를 분말화한 뒤 물을 더하고 여기에 세균(박테리아) 등 미생물을 키운다. 발효 술을 만들듯이 얼마간 세균을 키우면 세균들은 알코올이나 젖산 등을 만든다. 이 물질을 회수해 몇 번의 공정을 거치면 플라스틱이 얻어진다.

더 쉽게 플라스틱을 얻는 방법도 있다. 자기 몸 안에 직접 플라스틱 덩어리를 만드는 세균을 이용하는 것이다. 이런 세균엔 플라스틱이 꽉 차 있다. 세균에서 바로 꺼내 플라스틱을 만들면 된다.

나무를 포함한 자연계의 생물자원에서 얻어진 원료로 만든 플라스틱, 즉 바이오플라스틱은 쉬 썩는다는 것이 첫 번째 장점이다. 일례로 유산으로 만든 바이오플라스틱인 PLAPoly Lactic Acid는 자연에서 완전 분해된다. 세균 등 각종 미생물들이 PLA를 모두 먹어치우기 때문이다. 기존의 플라스틱은 구조상 미생물을 이용한 분해가 불가능하다. 생生분해가 잘 되는 바이오플라스틱은 기존의 플라스틱에 비해 재료로서의 강도強度는 떨어질 수 있다. 하지만 이런 약점은 극복될 것으로 여겨진다. 멀지 않은 장래에 단단하고 오래가지만 결국엔 완전 분해되는 바이오플라스틱이 등장할 것이다. 생분해되는 바이오플라스틱이라면 태평양에 떠 있는 미세 플라스틱 같은 환경문제를 일으키지 않는다.

식물을 원료로 해 석유처럼 고갈되지 않는다는 것이 바이오플라스틱의 두 번째 장점이다. 지구온난화 억제 효과도 기대된다. 식물의 광합성이 활발해지면 대기의 이산화탄소가 줄어들기 때문이다.

플라스틱의 대세는 바이오플라스틱이다. 문제는 가격이다. 현재 가격은 기존 플라스틱(석유 유래)보다 2~3배나 비싸다. 실제 생산량도 전체 플라스틱 생산량의 1%에도 못 미친다. 하지만 바이오플라스틱의 수요는 매년 20%씩 증가하고 있다. 식물 원료 추출 기술이 발전하고 있는 점, 기존 플라스틱 공장을 그대로 사용해도 되는 점, 석유 가격이 오를 수밖에 없는 점, 그리고 환경친화적이란 점을 모두 고려하면 식물 기반 바이오플라스틱이 시장을 주도하는 것은 이제 시간문제다.

바이오플라스틱은 썩지 않아 생기는 환경 문제와 석유 고갈로 인한 원료 부족 문제를 동시에 해결해 준다.

'코카콜라'는 이미 2010년부터 콜라 페트병을 식물이 원료인 바이오플라스틱으로 만들기 시작했다. 2020년엔 모든 병을 바이오플라스틱으로 대체할 계획이다. 바이오플라스틱의 선두주자인 미국 네브래스카 주의 '네이처웍스'사社는 식물에서 얻은 바이오플라스틱PLA으로 '월마트'의 포장비닐, 'KFC'의 음료수 컵 'IBM'의 컴퓨터 플라스틱을 만들고 있다. 자동차 내부의 내장재 · 매트 · 범퍼 · 의자 가죽까지 갈대나 사탕수수에서 뽑아낸 바이오플라스틱으로 제조한다.

썩는 플라스틱, 한국의 달러 박스 기대

올해 브라질에선 월드컵이 열린다. 브라질은 사탕수수가 많이 생산되는 나라다. 30년 전부터 사탕수수에서 알코올을 얻은 뒤 휘발유와 섞은 가스홀(Gasoline+alcohol)로 자동차를 굴리고 있다. 요즘은 한 걸음 더 나아갔다. 사탕수수 부산물로 비닐주머니 원료인 폴리에틸렌을 만들어 시판 중이다. 축구 강국을 뛰어넘어 사탕수수 부산물로 자동차를 굴리고 바이오플라스틱을 제조하는 '청정 녹색산업'의 강자로 떠오르고 있다.

국내 연구진도 바빠졌다. '기아차'는 자동차 내장재의 10%를 바이오플라스틱으로 바꾼 새 차를 올해 출시한다. 'SK' 'GS 칼텍스' 등 국내 화학기업들도 기존의 정유 산업에서 변신을 꾀하고 있다. 바이오플라스틱 연구에 올인한다. 바이오플라스틱의 시대가 열리고 있는 것이다.

플라스틱은 인류가 발명한 최고의 재료 중 하나다. 플라스틱 자체가 문제가 아니라 마구 버리는 우리가 문제다. 1분 쓰고 버리는 일회용 비닐봉지로 얼마 남지 않은 석유를 써 버릴 수는 없다. 귀한 석유로는 정밀화학

제품·의약품 등 고高부가가치 제품을 만들어야 한다. 대한민국은 석유 산업으로 국가의 기둥을 세웠다. 석유 산업의 단단한 기반을 이제는 친환경산업인 바이오플라스틱 공장으로 바꿔나가야 한다. 줄기세포·유전체 genome 의학 등 의료 분야의 바이오도 중요하다. 한국이 강점을 가지고 있는 석유화학 기반의 바이오플라스틱이 곧 달러를 벌어들이는 효자가 될 것이다.

05

번데기의 추억 … 곤충은 90억 인류 구할 미래 식량
식용 곤충

"이윽고 하늘이 캄캄해지고 대기는 메뚜기 떼의 날개가 부딪는 소리로 가득 찼다. 그리고 밭으로 소나기처럼 떨어져 오는 것이다. 그냥 날아 지나간 밭에는 아무런 피해가 없었으나 일단 내려앉은 밭은 마치 겨울 밭처럼 푸른 잎 하나 볼 수 없게 되는 것이다."

펄벅의 소설 『대지』에 나오는 '메뚜기 폭풍'의 묘사다. 메뚜기 떼의 위력은 실제로 대단하다. 소설처럼 하늘을 뒤덮으며 곡식을 싹쓸이한다. 2004년 서아프리카를 덮은 사막 메뚜기는 서울의 북한산부터 강남까지 채울 만큼 많아 마치 폭설이 내린 듯했다. 메뚜기 떼는 어떻게 동시다발로 출몰할까.

메커니즘은 이렇다. 건조한 사막에 비가 내려 풀들이 자라기 시작하면 땅속에 수면 상태로 있던 메뚜기 알도 부화해 10cm 크기로 자란다. 이

'큰 메뚜기' 떼들이 먹이를 찾아 이동하면서 그 지역의 농경지들은 초토화되고 수백만 명을 기아로 내몬 것이다. 2013년 3월에도 아프리카 남부의 마다가스카르 섬을 '큰 메뚜기' 떼가 습격했다. 하루 곡식 1만이 사라지면서 전국 경작지의 60%가 황폐화됐다(사진1). '큰 메뚜기'는 한 번에 알을 100개 넘게 낳고 빠르게도 자란다. 먹성도 좋아 곡물과 나무를 갉아먹고 자기 몸을 하루 만에 두 배로 불린다. 도무지 사람이 막아낼 재간이 없다.

1 아프리카 마다가스카르를 습격한 메뚜기 떼.
2 태국의 재래시장에서 팔리는 튀긴 곤충들.

수억 마리 메뚜기의 습격은 물론 큰 재앙이다. 하지만 이렇게 짧은 시간에 빠른 속도로 자라는 메뚜기를 잘 이용해 식량으로 만들면 거꾸로 좋은 기회가 되지 않을까. 지금 40~50대가 어릴 때 메뚜기는 가을 들판의 간식이었다. 그땐 구워 먹는 정도였지만 지금은 술자리의 고급 안줏감으로 애용되지 않는가. 하지만 논에 농약을 퍼부어 대면서 메뚜기는 모습을 감추었다. 최근 농약 대신 우렁이나 오리를 사용하는 친환경 농법 덕에 메뚜기를 다시 보는 것은 반가운 일이다.

누에, 생후 20일 만에 몸무게 1000배로

메뚜기를 포함해 곤충을 인류의 식량으로 삼는 게 가능한 이야기일까. 영화 '설국열차'에서는 곤충으로 만든 '영양바'를 미래의 식량으로, 부족한 동물성 단백질원으로 소개했다. 영화 속의 과학은 상상이지만 대부분 멀지 않은 장래에 실현될 가능성을 예견한 것이다. 더구나 메뚜기는 우리가 즐겨 먹던 '스낵'이다. 상상이 아닌, 수년 내에 이루어질 현실일 수 있다.

2013년 유엔 식량농업기구FAO는 메뚜기를 비롯한 곤충을 식량으로 사용하는 방안을 제안했다. 메뚜기를 '날아다니는 벌레'가 아닌 '하늘이 주는 식량'으로 보기 시작했다는 것은 지구에 먹을 것이 부족하다는 이야기다. 요즘 같은 인구 증가 추세라면 2050년 세계 인구는 현재의 70억 명을 훌쩍 넘는 90억 명이 된다. 그렇다고 경지가 늘어나지도 않는다. 어떻게 90억 인구를 먹여 살릴 것인가. 2013년 현재 6명 중 1명은 먹을 것이 부족해 일일 최소 필수 영양의 40%인 1000kcal도 못 먹으며 생명을 위협받고 있는 처지인데….

문제는 옥수수처럼 식물성 탄수화물은 구한다 쳐도 고기로 얻는 동물성 단백질의 공급이 절대 부족하다는 점이다. 콩 같은 식물성 단백질에 부족한 라이신 같은 필수 아미노산을 공급받기 위해서는 쇠고기·돼지고기 같은 동물성 단백질이 절대 필요하다. 비프스테이크, 돈가스, 치킨샐러드, 프라이드 피시. 우리는 레스토랑에서 쉽게 볼 수 있는 동물성 단백질이지만 기초 식량도 부족한 그들에게는 그림의 떡이다. 그들이 싸고 쉽게 구할 수 있는 단백질이 바로 곤충이다.

1960년대 한국은 아시아 최빈국이었다. 쌀 대신 보리나 옥수수로 탄수화물은 채웠지만 동물성 단백질을 어디에서 얻을 수 있었을까. 쇠고기는 구경도 못했다. 돼지고기도 1년에 한 번, 명절 때 아버지가 신문지에 둘둘 말아온 한 근이 전부였을 때 우리 입을 즐겁게 한 것은 번데기였다. 길거리나 심지어 축구장에서도 "뻔~ 뻔~"소리와 함께 팔리던 그 번데기는 누에 양식의 부산물이다. 누에는 자라면서 명주실을 만든다. 태어난 지 20일 만에 몸무게가 1000배나 늘 만큼 빨리 자란다. 누에 방에 들어가면 뽕잎을 갉아 먹는 소리가 사뭇 요란해서 빗소리 같기도 하고 공장 작업장이라도 들어선 것 같기도 하다. 이놈들은 눈에 보일 정도로 쑥쑥 자란다!

인간이 먹을 수 있는 곤충은 1900여 종으로 딱정벌레(31%), 나비 혹은 나방 애벌레(18%), 꿀벌이나 개미(14%), 메뚜기와 귀뚜라미(13%), 잠자리(3%)가 있다. 얼마 전 방문한 태국의 재래시장에서 보니 튀긴 곤충은 상상 외로 많았다(사진 2). 손이 쉽게 간 것은 그나마 메뚜기였다. 현재 60억 인구 중 아프리카·아시아·남미에 사는 20억 명은 오래전부터 메뚜기·잠자리 같은 곤충을 먹었다. 아주 오래전부터 인간이 곤충을 먹었음을 보여주는 과학적 증거도 있다. 예를 들면 오래된 인간 미라의 장내변에서도 벌·풍뎅이의 흔적이 발견된다. 또 성서에는 '요한도 광야에서 들꿀과 메뚜기를 먹었다'고 기록돼 있고 코란에도 메뚜기를 먹을 수 있는 음식으로 거론한다. 그렇다면 곤충에도, 예를 들면 쇠고기만큼의 영양소가 있을까. 답은 '예스'다.

곤충에는 주로 지방·단백질·아미노산·섬유소·칼슘·철·아연이

들어 있다. 식용 곤충으로 대표적인 딱정벌레 유충mealworm은 굼벵이와 같은 형태인데, 영양분을 소와 비교하면 아미노산의 경우 100g 쇠고기에는 27.4g, 유충에는 28.2g이 있다. 오메가 3의 비율은 쇠고기·돼지고기보다 높고 단백질·비타민·무기물은 쇠고기·생선과 유사하다. 한마디로 굼벵이 형태의 곤충은 영양가 면에서 쇠고기와 비슷하거나 오히려 우수하다. 게다가 빨리 자라면서 동물성 식용 단백질을 금방금방 만든다. 같은 먹이를 단백질로 전환하는 효율성이 누에는 소의 두 배다. 동남아에서 많이 식용하는 귀뚜라미의 효율은 더 좋아서 소의 12배, 양의 네 배, 돼지·닭의 두 배다.

유엔이 곤충을 쇠고기를 대신할 우수 식량원으로 생각하는 또 다른 중요한 이유 중 하나는 지구온난화 때문이다. 지금 상태로라면 온난화는 더욱 심해져 지구 평균 기온이 2050년엔 지금보다 최고 6.4도나 높아진다고 미국 국제식량연구소는 2011년 보고했다. 문제는 온난화에 소가 한몫 단단히 한다는 점이다. 소의 소화 작용 때문에 발생하는 메탄가스가 지구 복사열을 잡아 유지하는 효율은 이산화탄소보다 30배나 높다. 그래서 온난화 요인의 18%가 소 사육 때문인 것으로 지적된다. 따라서 소를 키워 동물성 단백질을 얻지만 지구온난화라는 부작용에 시달리는 대신 환경에 거의 영향을 주지 않는 '곤충 양식'이 미래의 식량으로서는 제격인 것이다.

빨리 자라고, 단백질 잘 만들고, 그리고 환경적으로도 탁월한 메뚜기 같은 곤충을 미래 식량으로 만드는 데엔 어떤 어려움이 있을까. 영화 '설국열차'에 답이 있다. 영화에선 열차 내 빈민층의 주식으로 '양갱'이나 '영양바' 같은 먹거리를 공급하는데 이게 바퀴벌레를 갈아 만든 것이다. 이 장면에서 대부분의 관객은 '웩' 소리를 지를 만큼 역겨워한다. 감독의 천재성이 발휘되긴 했지만 미래 식량으로 연구되고 추진되는 점을 배려해 바퀴벌레 대신 누에 번데기를 사용했으면 어떨까 하는 아쉬움이 든다.

호주선 '하늘의 새우' 귀뚜라미 요리 등장

요컨대 곤충을 식량으로 발전시키려는 나라들이 직면하는 가장 큰 어려움은 곤충을 먹는다는 것에 대한 거부감이다. 태국 시장에서 보았던 곤충 중에서도 매미·잠자리, 그리고 털이 숭숭 난 거미류에는 차마 손이 가지 못했는데 이는 저렇게 징그럽게 생긴 벌레가 내 입으로 들어간다는 것에 대한 거부감이다. '스멀스멀한' 뭔가가 몸속에 들어간다니! 으~몸서리가 쳐진다. 이런 현상은 서구에서 특히 심한데 그들은 곤충 식용을 원시적이고 미개한 풍속으로 치부하고 심지어는 터부시한다.

곤충에 대한 혐오감은 오랜 시간에 걸친 역사와 문화의 결과여서 이를 바꾸려면 많은 노력이 필요하지만 이것도 마음먹기에 달렸다. 미국의 인디언들은 오래전부터 귀뚜라미를 간식으로 먹었다. 그러다 새우를 처음 보고는 '바다의 귀뚜라미'라고 불렀다. 거부감을 아예 갖지 않았기 때문에 먹기도 쉬웠다. 비슷한 사례는 최근 호주에서 나왔다. 귀뚜라미 요리가 등장했는데 거부감을 없애기 위해 귀뚜라미를 '하늘의 새우'라고 부른 것이다. 하긴 둘 다 모양이 비슷한 절지동물이다. 결국 어떻게 생각하느냐에 따라 먹는 데 부담을 가질 수도, 그렇지 않을 수도 있다. 모양 때문에 먹기 힘들면 모양은 없애고 영양분만 뽑아낼 수도 있다.

곤충은 언젠가 '하늘에서 내려준 쇠고기'가 될 것이다.

'설국열차'에서처럼 인류의 온난화 대처가 늦어지면 지구가 진짜 위험해진다. 그걸 막으려면 영화가 주는 지혜를 활용해야 한다. 최후의 식량으로서의 곤충이 아니라 지구를 위험에서 구할 최고의 식량으로 곤충을 대접하는 것이다.

06

●

클로렐라 주~욱 건져 짜기만 하면 디젤이 줄줄?
바다의 선물, 바이오 디젤

30년 전만 해도 목욕은 연중행사였다. 동네에 한두 개 있는 목욕탕에 1년에 한두 번쯤 '명절 맞듯' 다녀오곤 했다. 여의치 않으면 솥단지처럼 생긴 커다란 쇠통에 장작불을 피우고 물을 데워 목욕했다. 지금은 아침저녁 뜨거운 물로 샤워한다. 가히 천국이다. 그러는 사이 개인당 에너지 소비율이 5배나 늘었다. 중동 석유로 누리는 호사, 하지만 얼마나 더 누릴 수 있을까.

이른바 지구온난화 시대다. 대기를 채우는 이산화탄소의 균형이 깨지고 대기온도가 오른다. 산업화 이전에 비해 45% 이상 늘어난 이산화탄소 배출량은 대기 농도를 300ppm에서 380ppm으로 30% 더 진하게 만들었다. 지구라는 비닐하우스 안에서 인간이 석유와 석탄으로 불을 피우기 시작한 까닭이다. 덕분에 겨울에도 춥지 않고 제주 감귤을 남해안에서,

경북 상주의 사과를 강원도 평창에서 수확한다.

지구는 태양 덕에 산다. 자동차의 휘발유나 공장 보일러에 쓰이는 디젤유 모두 태양의 선물이다. 하지만 앞으로 50년이면 이런 원유도 바닥나는 상황이 온다. 그런 위협이 우리를 조이기 시작한 지도 오래됐다. 우리나라는 세계 10위의 에너지 소비 국가, 7위의 석유 수입 국가이며 수입 의존도는 97%다. 국내 소비 에너지는 160MToe(100만 오일에 해당하는 에너지)이고 그 에너지의 50%를 석유가 차지한다. 대한민국은 에너지의 절반을 비싼 돈을 주고 수입하는 석유에서 얻는다는 이야기다.

그렇다면 온난화 가스인 이산화탄소도 줄이고 에너지 고갈도 해결할 수 있는 방법은 없을까. 원자력은 이런 의미에서 매력적이다. 이산화탄소도 배출하지 않고 전력 생산비도 kW당 35원으로 677원의 태양광, 110원인 풍력보다 훨씬 싸다. 하지만 문제는 안전이다. 내진 설계를 자랑하던 일본의 후쿠오카 원전과 그 일대가 쓰나미 한 방에 옛 소련의 체르노빌 원전처럼 불모의 땅이 돼 버렸다. 아예 일본산 생선과 고기를 꺼릴 정도로 후유증은 크다. 좁은 땅에 원자력 발전소 20개가 오밀조밀 몰려 있는 우리나라는 이런 자연재해에 얼마나 견딜 수 있는지 갑자기 내진 설계 데이터가 궁금해진다. 게다가 '불타는 연탄재'로 비유할 수 있는 방사능 폐기물 문제도 원전만큼 어려운 숙제다. 독일은 2022년까지 원자력 자체의 폐기를 심각히 고려 중이다.

요약하면 화력발전은 온실가스 배출과 줄어드는 원유로 장래가 불안하고, 수력 발전은 이미 포화 상황이며 원자력은 언제 터질지 모르는 화약고다. 현재 우리가 쓰는 모든 에너지원들이 허덕이고 있는 셈이다. 앞으로 50년 내에, 지금 20대가 결혼해 낳은 자식들이 20대로 클 때까지는 뭔가 결판을 내야 한다. 줄어들지 않고 계속 쓸 수 있는 신재생 에너지가 절실하다. 그 신생 에너지는 최소한 태양에 기반을 두어야 한다. 태양열, 풍력, 그리고 바이오 에너지가 현재로선 각광받는 대체 주자다.

태양열 발전은 매력적이다. 태양만 쬐면 전기가 생산되는 태양열 기판이 이미 개발돼 있다. 친구의 건물 옥상에도 태양 전지판이 깔려 있는데 수요를 충당하고도 남는 전기는 한전에서 사 간다고 흐뭇해한다. 하지만 현재의 태양 전지는 너무 비싸 계속 수지를 맞출 수 있을까 걱정스럽다. 전력 생산비가 원자력의 20배, 풍력의 3배인 데다 흐린 날엔 가동이 안 되고 본격 생산하려면 부지도 넓어야 한다. 1000MWh 전기를 원전으로 생산하는 데 상암 월드컵 경기장 크기의 부지가 필요하다면 태양광엔 이런 부지 150개가 필요하다. 고속도로 변이나 옥상 등 가능한 모든 곳을 동원한다 해도 한반도는 좁은 땅의 한계를 벗어나기 힘들다.

풍력의 경우 한국에서 가장 바람이 많다는 대관령의 거대한 풍력 발전 프로펠러가 밝은 미래를 보여주는 듯하다. 하지만 풍력 발전소도 부지가 부족하고 바람에 의존해야 하는 단점이 있다. 같은 에너지를 만들려면 태양광보다 3배나 넓은 부지가 필요하다. 제주도 연안의 바다에 서있는 풍력 발전기도 이런 노력의 하나다. 산·벌판·바다에 큼지막하게 들어찬 프로펠러가 이국적이긴 하지만 대관령 선자령 등산길에 발전기 프로펠러 소리에 시달리다보면 공장 소음 복판에 서 있는 것 같아 환경 파괴 논란이 일겠다는 생각이 든다.

사실 온난화 문제의 핵심은 석유 연소 후 발생하는 이산화탄소로 온실

효과가 발생하는 데다 그 석유도 점차 줄어들고 있다는 점이다. 이를 해결할 수 있는 근본적인 해답을 우리는 이미 알고 있다. 자연의 순환을 원래대로 돌려놓는 것이다. 그렇다고 지금 와서 자동차 대신 마차를 탈 수는 없고 목욕을 명절에 한 번만 할 수도 없다. 정답은 산업화에서 발생되는 이산화탄소를 잡아 이를 에너지원으로 삼는 것이다. 구체적인 해결책은 식물의 광합성에 있다. 대기에 방출된 이산화탄소의 4분의1을 열대 우림이 흡수한다. 나무를 더 많이 심어 열대 우림을 만들면 된다. 하지만 브라질 열대우림마저 산업화로 줄어드는 판에 산림을 더 늘리는 것은 불가능해 보인다. 그럼 나무들이 빨아들이지 못한 나머지 이산화탄소는 어디로 갈까.

바다다. 바다의 해수와 지하 퇴적물 속엔 지구 전체 탄소의 93%가 저장돼 있다. 대기에 방출된 가스의 30%를 바다가 빨아들이는데 그 주인공이 미역, 다시마, 클로렐라 같은 해조류다. 지구에서 일어나는 광합성의 55%를 이런 해조류들이 맡는다. 브라질의 열대 우림이 지구의 허파라는 찬사를 받고 있지만 숨은 진짜 일꾼은 조류인 셈이다. 게다가 다시마는 빛의 에너지를 이용해 이산화탄소로 녹말을 만드는 광합성 효율이 나무의 2배나 된다. 식탁에 오른 다시마가 다시 보인다.

조류algae는 강물의 녹조 같은 담수 조류와 바다의 해조류seaweed로 구분되고 해조류는 다시 미역, 다시마 같은 거대조류macro-algae와 클로렐라 같은 미세조류micro-algae로 구분된다. 이 중 에너지 문제에 중요한 해결사로 등장한 선수는 미세조류다. 현미경으로만 보일 만큼 작은 미세조류는 가끔 적조라는 오명을 띠고 매스컴을 탄다. 햇살 쨍쨍한 늦은 여름,

질소나 인 등의 영양물질이 풍부한 오염된 강이 바다를 만나면 붉은 적조가 금세 바다를 덮는다. 이런 종류의 미세 조류는 이산화탄소를 탄소원으로, 태양을 에너지원으로 해서 금방 세포를 두 배로 늘리면서 세포 내에 여러 물질을 저장한다. 바로 여기에 인류 에너지의 미래를 위한 열쇠가 들어 있다. 어떤 조류는 자기 몸의 80%까지 오일을 저장할 수 있고 이 오일로 디젤을 만들 수 있기 때문이다. 이를 석유 대신 쓸 수 있다면 이산화탄소로 디젤 연료를 만들게 된다. 그야말로 일석이조다.

이상적으론 클로렐라가 바다의 적조처럼 빠르게 자라고 그 안에 기름이 꽉 차는 것이다. 그물로 주~욱 건져 짜기만 하면 디젤이 줄줄 흘러내린다. 바다의 유전이다. 이론적으로 안 될 게 없다. 지금도 캘리포니아의 광대한 해안에서는 이미 미세 조류가 상업용으로 배양되고 있다.

축구장만 한 연못에 20cm 깊이로 바닷물을 채우고 뜨거운 태양 아래에서 약간의 질소, 인 등 영양분을 공급하면 미세 조류는 광합성을 하며 성장한다. 지금까지는 클로렐라 같은 건강 보조식품 생산이 위주다. 그러나 이런 식으로 야외에서 '바이오 디젤 조류'를 배양하면 대규모 생산이 가능하고 가격도 싸게 할 수 있다. 과연 지금 L당 1000원인 디젤 가격과 경쟁이 될 만한 수준까지는 될 수 있을까.

미세 조류에 의한 바이오 디젤 생산 방법은 타임지가 '20대 유망 기술'로 선정할 만큼 환경친화적이며 상업화 가능성이 높다. 바이오 디젤 연구는 국내 유수 경제연구원이 '바이오 시밀러(바이오 항암제)''의료 자가 진단 서비스'와 함께 '지금 투자해야 할 3대 바이오 사업'으로 선정하기도 했다. 미세조류는 현재 바이오 디젤의 원료인 팜유보다도 면적당 생산성

1 샌프란시스코 사우스베이의 미세조류 배양장. 가두어 놓은 바닷물이 증발하면서 염도가 변하면 그 염도에 맞는 미세조류가 성장한다. 위에서 클로렐라 같은 녹색 미세조류, 아래는 베타카로틴 이 풍부한 적색 미세조류가 자란다. 바닷물이 완전히 증발되면 거둬들인다.

2 하와이 키스톤 지역의 미세조류 배양장. 오염수와 이산화탄소만을 원료로 키운 뒤 바이오 디젤 을 생산하거나 동물사료로 사용한다.

3 바이오 반응기에서 배양 중인 미세조류. 고효율·고농도로 배양할 수 있는 기술을 개발하는 것 이 상용화의 지름길이다.

4 성장 중인 미세조류(크기가 100만분의 1mm) 가운데 원형 부분이 기름 성분.

이 20배나 높다. 짧은 시간에, 고농도로, 많은 오일을 생산할 수 있는 미세 조류의 특성 때문이다. 그러나 여전히 연안의 자연 생산이나, 육지에서의 인공 생산에 관계없이 생산성을 더 높여야 하는 게 성공의 과제로 남아있다. '디젤 조류'를 집중 연구해 현재의 낮은 광합성 효율을 실험실 최고 결과인 5~6%를 넘어 이론상 최고치인 30%까지 끌어올려야 한다.

또 기름을 짜고 남은 미세 조류를 활용하는 방법도 생각해 볼 만하다. 화장품 산업에서 '기름을 짠 디젤 조류'를 재활용할 수도 있다. 미세 조류는 미역, 다시마 같은 거대 조류보다 훨씬 다양해 무려 5만 종이나 되는데 다양성을 활용해 이미 14개의 신약이 만들어졌고 4개는 상용화됐다. 그런 식으로 미세 조류의 용도를 다양화해서 얻는 수입을 '바이오 디젤'의 단가 인하에 활용하는 것이다.

바이오 디젤의 생산 단가는 현재 기술로는 시중 디젤의 3~5배 수준이라 경제성도 없고 미래도 불투명하다. 그럼에도 오늘날 지구의 두 문제인 온난화와 석유 고갈을 동시에 해결할 거의 유일한 방법은 바이오 디젤뿐이다. 바다가 주는 선물을 받기 위해 배수진을 쳐야 할 시간이 다가오는 것 같다.

바다에서 배양한 미세조류에서 바이오 디젤을 생산해 수송용 연료로 사용될 날을 기대한다.

Biotechnology

Chapter 5
미래 첨단 기술

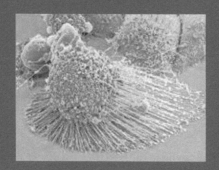

자폭이 유도된 HeLa 암세포. 파편 없이 조용히 죽는다. 암 연구 분야에선 HeLa 암세포가 최고의 도구다

01

미래 항암제는 암세포 찾아내 조용히 자폭하게 유도
암 정복 가능할까

우리 식구 세 명 중 한 명은 평생 한 번은 암에 걸린다. 필자가 말년에 암으로 숨질 확률도 3분의 1이다. 마주치지 않기를 바라지만 만약 암 진단을 받는다면 난 뭘 할 수 있을까?

지피지기 백전불태知彼知己 百戰不殆라 했다. 이왕 만났다면 적을 알아야 이길 수 있다. 유명 학술지인 '네이처Nature'의 지난해 11월호엔 암세포만을 찾아가 암의 '자폭自爆 스위치'를 누르는 자폭-표적치료제 개발에 성공했다는 연구논문이 실렸다. 이에 따라 지난 30년간 뚜렷한 수단 없이 독한 항암제에만 매달렸던 난치성 방광암 치료에 새로운 길이 활짝 열렸다. 좀처럼 죽지 않고 버티는 암세포의 '아킬레스건腱'을 찾은 것일까? 인간이 암을 완전히 정복할 때까진 우선 '살아남는 기술'을 배워야 한다.

암은 세포 유통기한 무시한 채 증식

4B연필은 화가에겐 필수품이다. 화폭에 4B연필로 슥슥 밑그림을 그린 다음, 그 위에 본격적으로 색칠을 해야만 제대로 그림이 된다. 화가에게 4B연필이 필수 도구라면 암 연구 분야에선 'HeLa 암세포'가 최고의 연장이다. 'HeLa'는 31세에 자궁경부암으로 사망한 미국 여성 헨리에타 랙스Henrietta Lacks(1920~51)의 이름에서 따왔다. 당시만 해도 정상적인 인간세포를 실험실에서 키우기가 거의 불가능했다. 세포가 며칠 자라다가 다 죽었기 때문이다. 하지만 그녀에게서

HeLa 암세포의 유래가 된 미국 여성 헨리에타 랙스. 31세에 숨진 그녀에게서 채취한 HeLa 자궁경부암 세포는 실험실 배양접시에서 무한정 빠르게 자랐다.

채취한 HeLa 자궁경부암 세포는 실험실 배양접시에서 무한정 빠르게 자랐다. 덕분에 암 연구와 더불어 소아마비 백신을 만들 수 있었다. 지금도 암 연구에서 대단히 중요한 세포다. 한 여성의 죽음이 수많은 암환자를 살리는 연구의 받침돌이 된 셈이다.

HeLa 암세포는 왜 죽지 않을까? 거꾸로 왜 사람은 죽을까? 사람의 세포를 떼어내 실험실에서 키우면 태아는 50회, 성인은 25회 분열한 뒤 스톱한다. 실제론 '텔로미어telomere'(말단소립)란 DNA끈이 세포가 분열할 때마다 닳아 결국은 더 이상 분열하지 않는다. 즉 인간세포의 '유통기한'이 정해져 있다는 것이 '수명 프로그램'설이다. 만약 스톱하지 않고 계속 자라는 세포가 된다면 이는 악몽이다. 바로 암세포의 출현이기 때문이다.

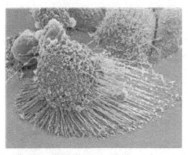
자폭이 유도된 HeLa 암세포. 파편 없이 조용히 죽는다. 암 연구 분야에선 HeLa 암세포가 최고의 도구다.

국내 사망 원인 중 1위가 암이다. 왜 인류는 암과 악연을 맺은 것일까?

길가의 가로수를 유심히 보면 중간중간 불룩 튀어나온 '옹이'가 보인다. 오래된 나무일수록 이 옹이는 크고 많다. 바로 나무의 암 덩어리다. 나무에 침투한 병원체에 의해 정상세포가 암세포로 변한 뒤 빠른 속도로 자라서 암 덩어리인 옹이가 된다. 하지만 튼튼한 식물세포벽 때문에 다른 곳으로 전이되지 않아 나무가 죽을 정도는 아니다. 동물도 인간처럼 암에 걸린다. 10년 이상 산 개는 45%가 암으로 죽는다. 또 암캐가 제일 많이 걸리는 암은 유방암이다.

암은 인간의 탄생과 함께해왔다. 암은 정상세포가 변한 돌연변이이기 때문이다. 무엇이 정상세포를 등 돌리게 했을까?

세포 손상되면 회복 · 자폭 이중 방어막

얼마 전 필자는 한 대학병원 로비에서 겁에 질린, 흰 피부의 독일인 여성을 만났다. 이 여성은 자기 팔에 생긴 검은색 반점이 이모의 팔이나 어머니의 등에 난 것과 비슷하다며 어머니 · 이모 모두 악성피부암으로 숨졌다고 말했다. 자외선 방어 기능이 약한 백인의 경우 피부암에 잘 걸린다. 자외선에 의해 피부세포의 DNA(유전자)가 손상되면 대부분 수리가 된다. 하지만 그 정도가 심하면 세포는 그대로 터져 죽어버린다. '괴사

necrosis'라고 부르는 이 죽음은 연쇄반응을 일으킨다. 괴사된 세포가 터질 때 내부 물질이 파편처럼 튀며 옆 세포도 '파편'을 맞아 염증이 생긴다. 세포가 즉사하진 않더라도 손상된 DNA가 회복될 것 같지 않으면 세포는 스스로 '자폭Apoptosis(세포 자멸사) 스위치'를 당긴다.

영화 '레옹'(1994년)은 국내 개봉 프랑스 영화 중 가장 많은 관객을 모았다. 영화의 백미白眉는 마지막 장면이다. 주인공인 킬러 레옹은 12세 소녀 마틸다의 가족 살해범인 경찰 간부와 맞닥뜨린다. 레옹은 이미 많은 부상으로 회복 불능 상태다. 결국 그는 자폭 스위치를 당겨 주위의 악당들과 함께 사라지고 소녀를 구한다.

바이러스에 점령당한 세포도 레옹처럼 '자폭 스위치'를 당긴다. 본인이 죽어서 전체 세포를 살리기 위한 '자기희생'이다. 이 자폭 과정은 정교하게 60분가량 진행된다. DNA 손상이나 바이러스 침입 신호를 받으면 '자폭 스위치'인 p53 암 억제 유전자가 찰칵 켜진다. 이어서 파괴할 물건들을 한곳에 모은다. 이후 해결사인 분해효소caspase의 날카로운 칼로 내부 시설을 조용히, 완벽하게 파괴해 나간다.

마무리 단계로 순찰 중인 면역세포에 신호를 보내 본인의 위치를 알린다. 최후로 내장을 뒤집어 '나를 죽여줘'란 마지막 수卡신호를 보내고 달려온 면역세포에게 '장렬히' 잡아먹힌다.

사람이 살면서 받는 내·외부의 모든 스트레스에 의해 DNA가 손상되면, 손상된 세포는 회복되거나 아니면 자폭해서 돌연변이 세포가 생기지 않도록 이중의 대비를 한다. 물론 자폭한 세포 수만큼 줄기세포들이 생겨 이를 보충한다. 문제는 자폭 기능 자체가 고장 나는 것이다. 세포의 자폭 기능이 제대로 작동되지 않으면 죽지 않고 계속 자라는 암세포로 변한다. 이때 암세포를 발견·제거하는 인체의 면역세포마저 약해져 있다면 생성된 한 개의 암세포는 결국 암 덩어리로 자란다. 이제 우리는 암과의 목숨을 건 일전을 각오해야 한다.

강원도 용평스키장에서 곤돌라를 타고 정상에 오르면 오른편으로 발왕산 등산로가 보인다. 그곳에 주목朱木이란 나무가 있다. '살아 천년, 죽어 천년'이란 이름에 걸맞은 장수 나무다. 장수의 상징인 이 나무에서 항암제인 '택솔'을 찾은 것은 우연이 아니다. 하지만 유방암 환자 한 사람을 치료하기 위해선 100년 이상 된 주목이 3~10그루 필요하다. 그래서 나무를 자르는 대신 주목 세포를 배양탱크에서 기르는 방법이 상업화됐다. 택솔은 인체세포가 분열할 때 필수성분인 '미세 그물micro tube'의 생성을 막아 약효를 발휘한다. 따라서 택솔은 우리 몸에서 자라는 세포를 모두 죽인다. 이 약을 복용하면 급성장하는 암세포가 대부분 죽지만 조금씩 자라고 있던 모발·손톱·피부 일부·생식세포 등도 죽어 머리가 뭉텅뭉텅 빠지고 입안이 헐어버리는 항암제 부작용이 나타난다.

암환자 사이에서 '붉은 항암제'로 알려진 아드리아마이신을 맞고 구토·멀미 등으로 고생한 사람은 붉은색 커튼만 봐도 토한다. '항암주사 안 맞고 그대로 죽고 싶다'란 소리가 나올 만큼 항암제 부작용은 고통스럽다. 화학 항암제의 부작용을 최소화하는 방법은 무엇일까?

암세포 고사시키는 표적치료제
답은 암세포만을 공격해 파괴하는 것이다. 그 선봉엔 표적치료제와 자폭유도제가 있다. 미군이 걸프전에서 297발이나 사용했던 크루즈 미사일처럼 암 표적치료제는 암세포 고유의 암 표지를 목표로 공격하므로 부작용이 확실히 덜하다.

암세포는 몇 가지 특징이 있다. 새로 생긴 암세포들이 모여 고형固形암이 되려면 덩어리 내의 암세포에 양분·산소를 공급하는 혈관이 필요하므로 '혈관생성 유도물질'을 새로 만든다. 표적치료제는 이런 물질에 '찰싹' 달라붙어 '영양·산소 공급로'인 혈관의 생성을 사전에 차단한다. 또 암세포는 정상세포와는 다른 물질을 만든다. 유방암 세포는 정상세포보다 100배 많은 수용체(Her2)를 세포 외부에 갖고 있다. 여기에 '허셉틴'이란 표적치료제가 달라붙으면 '자연살해 세포NK cell'가 달려와 암세포를 죽인다. 이런 표적치료제를 만드는 바이오산업이 뜨고 있으며 국내에선 셀트리온㈜에 이어 삼성이 인천 송도에 공장을 신축했다.

암세포도 만만한 놈이 아니어서 외부 공격에 대해 적극적으로 자신을 방어한다. 암만이 보유한 아킬레스건은 바로 '자폭 스위치'다. 세계 여성암의 15%를 차지하는 자궁경부암은 인유두종 바이러스HPV가 원인이다. 정상세포에 바이러스가 감염되면 '자폭 스위치'가 자동으로 켜지지만 HPV 바이러스는 '자폭 스위치'인 p53이 켜지지 않도록 미리 방해물질을 껌처럼 붙여놓는다. 따라서 껌 같은 물질만 제거하는 암 표적치료제는 암세포만을 죽인다. 최근 전 세계에서 이런 암의 '자폭 스위치'를 당기는 물질들을 찾는 연구가 활발하게 진행되고 있다. 최고의 항암 무기는, 따라서 표적 추적 기능과 자폭 기능 두 가지를 함께 가진 '더블 타깃형'이다. 그러면 정확히 암세포만을 찾아가 '자폭 스위치'를 켜 암세포를 조용히 죽일 것이다.

최상의 자연면역 상태 유지가 암 예방법

자궁경부암처럼 바이러스가 원인인 암의 경우 암세포 자체보다는 암세포를 조정하는 바이러스와 전쟁을 하는 셈이다. 따라서 이런 암을 정복하려면 바이러스를 없애도록 전략을 짜야 한다. 과연 바이러스가 순순히 물러날까? 바이러스는 수십억 년 동안 온갖 생물 틈에서 살아남은 생존의 고수다. 생존전략의 하나로 인체세포를 암세포로 바꾼 뒤 그 안에 숨어 살아남고자하는 것이 바이러스의 고도의 생존법이다.

그렇다면 정상세포였다가 스스로 등을 돌린 '변절자' 암세포는 무엇이 목적일까? 사람의 정상세포는 한평생 살다가 죽도록 프로그램 돼 있다. 이런 인간 세포의 한계를 넘어서서 암처럼 무한정 살려는 '이기적 유전자'의 반동일까?

기원전 1600년께 고대 이집트의 파피루스에도 유방암에 대한 기록이 남아 있다. 이처럼 암은 동물의 탄생과 함께 시작됐다. '암과의 전쟁'이 어차피 하루아침에 끝날 전쟁이 아니라면 우선 급한 대로 피해가는 것이 상책이다. 암의 시작은 세포 손상이다. 먼저 생활 속 발암물질인 술·담배·자외선·유해식품·독성물질과의 접촉을 최소화하자. DNA가 손상된 비非정상세포가 몸에서 생겨도 이를 면역세포가 없앨 수 있도록 신체의 자연면역을 최상의 상태로 유지하는 '건강의 기본'이 어떤 약보다도 효과적이다.

HeLa 암세포를 최초로 발견한 미국 존스홉킨스대학의 조지 게이George

암을 예방하려면 발암물질과의 접촉을 최소화하고 면역을 최상의 상태로
유지하자.

Gey(1899~1970) 박사는 HeLa 암세포의 사용을 전 세계에 무료 개방했
다. 암 연구에 일생을 바친 그도 결국 췌장암에 걸렸다. 그는 마지막 수술
을 받을 때 자기 췌장을 떼어내 암세포 연구에 사용해 달라고 당부했다.
인간의 이런 숭고한 자기희생은 결국 암이란 시련을 극복하고 넘어서게
할 것이다.

02

•

진찰은 기본, 감염 경로도 전화로 감시 '만사폰통' 시대
스마트폰, 유헬스

　미래의 어느 날 아침 화장실. 소변을 보자마자 '나트륨 기준치 이상, 식사 조절 요망'이란 메시지가 뜬다. 10년 전 영화 '아일랜드'의 첫 장면이다. 미래 세계를 다룬 이 공상영화에선 인간 복제와 함께 자동 건강측정 장치가 미래기술로 소개됐다.

　"저게 정말 될까?", "된다면 누가 제일 좋아할까?" 영화를 보다가 두 가지 의문이 들었다. 첫 번째 답이 풀리는 데는 그리 시간이 오래 걸리지 않았다. 2013년 8월, 미국 UCLA 오드칸 교수는 신장(콩팥) 기능 척도인 소변 속의 알부민albumin을 휴대전화에 연결된 간단한 기기로 측정한 뒤, 그 결과를 병원에 즉시 전송했다고 국제학술지Lab-On-A-Chip에 발표했다. 알부민 측정은 영화 속의 나트륨 측정보다 훨씬 정교하고 어려운 기술이다. 게다가 영화에선 화장실에 부착된 기기로만 소변검사가 가능했지만 오드

246

칸 교수의 기술은 휴대전화를 이용하는 방법이라 어디서든 실행 가능하다. 언제, 어디서나, 즉 유비쿼터스Ubiquitous 환경에서 건강을 측정·관리하는 이른바 유-헬스Ubiquitous-Healthcare 시대는 이미 시작됐다.

그럼 유-헬스를 누가 절실히 기다릴까? 세 그룹의 사람들일 것 같다. 치매 같은 병을 가진 노인 환자들, 건강해지려는 일반인들, 그리고 평생 한 번 의사를 보는 것이 소원인 아프리카 빈민 등 원격진료를 필요로 하는 사람들이다. 한국이 그래도 의료 사정이 괜찮은 나라인 점을 감안하면 해외엔 훨씬 더 많은 사람이 유-헬스를 희망한다고 볼 수 있다. 유-헬스를 잘 활용하면 우리나라 의료산업이 해외 달러를 많이 벌 수 있다는 의미로도 풀이된다. 한국보건산업진흥원이 낸 자료에 따르면 국내엔 1000만 명가량이 유-헬스를 기다리고 있다.

치매환자의 낙상을 알려주는 센서 등장

유-헬스의 실현을 바라는 첫 번째 사람들은 노인병을 앓고 있는, 즉 '실버환자 그룹'이다. 미국 밀워키시市에 위치한 '오트필드 실버타운'은 미국 내 2만 개 실버타운 중 하나다. 여기선 하버드대학 의대와 공동으로 '엘리트 케어'Elite Care란 프로젝트를 진행 중이다. 이곳 입주민의 80%는 알츠하이머형 치매 환자다. 입주자들의 몸엔 무선 센서가 달려 있다. 무선 센서가 전하는 환자의 위치 정보는 실버타운 중앙관리실에 실시간으로 제공된다. 지역을 이탈하거나 '금지구역'에 들어가거나 한곳을 계속 배회하는 등 이상 징후가 확인되면 즉각 간호사가 현장으로 달려가 조치를 취한다. "내가 지금 화장실에 들어간 지 몇 분 지났다" 등 은밀한 사

생활까지 남에게 알려지는 것이 싫은 사람은 센서를 꺼버리면 된다. 하지만 평소 5분가량 사용하던 화장실에서 20분 이상 머무르는 '비정상'이 발생하면 실버타운 직원이 즉시 가서 별일 없는지 확인한다. 미국 인구의 14.7%에 해당하는 이런 노인 환자들은 병원 대신 집이나 요양원에서 개인 생활을 하면서도 동시에 누군가가 자신의 건강을 돌봐주기를 바란다.

대표적인 노인병인 치매는 80세에 급격히 증가한다. 90대 초반엔 41%, 후반엔 50%가 치매 증세를 보인다. 100세 장수시대가 열리고 있지만 90세가 넘으면 둘 중 한 명은 치매 환자로 지낸다. 2000년대 초반만해도 치매 환자들이 생활하는 실버타운에선 환자의 위치 파악 정도만 가능했다. 지난해 영국 버밍엄대학 무어 박사는 치매 환자가 남을 때리는지 심지어는 욕을 하고 있는지도 몸에 달린 센서와 연결된 스마트폰으로 간단히 알 수 있다고 밝혔다. 이를 통해 치매환자가 병에 걸리기 전보다 공격적으로 변하는 것은 뇌의 문제도 있지만 요로尿路 감염 등 다른 원인도 있다는 사실을 알게 됐다. 환자가 치매의 어느 단계에 있는지 또는 의사가 처방한 치료법이 실제 생활에 효과적인지를 파악하는 데도 이런 24시간 모니터링이 유효하다.

노인들의 낙상은 '큰일'이다. 즉시 조치하고 치료하지 않으면 합병증으로 숨질 수 있기 때문이다. 최근의 일부 스마트폰엔 넘어지는 몸의 가속도 변화를 감지하는 움직임 센서가 내장돼 있다. 이 센서로 인해 치매환자의 낙상 사고 때 알람을 의료진에 신속하게 보낼 수 있게 되었다. 치매 등 노인병을 앓고 있는 환자들에겐 스마트폰이 멀리 떨어져 있는 의사를 대신해 먼저 몸을 지켜주는 '수호천사'인 셈이다. 치매환자보다 더 급한 사람은 폐렴환자다. 폐렴은 국내 사망 원인 5위를 차지하는 병이다. '폐렴은 노인의 친구'란 역설적인 표현처럼 많은 노인을 숨지게 하는 직접적인 원인이다. 폐렴으로 폐 기능이 떨어지면 혈액에 산소를 공급하는 힘이 약해져 혈액의 산소 포화도가 저하된다. 산소 포화도가 일정 수준 이하로 떨어지면 분초를 다투는 초超응급 상황이다. 환자의 손가락에 끼워놓은 산소 포화도 센서가 깜박깜박 빛을 내는 병원 응급실 광경은 우리 눈에도 익숙하다. 이런 기술의 실현이 스마트폰으로도 가능해졌다. 2013년 10월 국제마취학회IARS는 "혈액의 산소 포화도 센서를 스마트폰에 직접 연결해 의사에게 전송이 가능한 기술이 개발됐다"고 발표했다. 이제 병원의 크고 비싼 기기 대신 스마트폰을 주머니에 넣고 다니다가 알람이 울리면 바로 산소 마스크를 쓴 뒤 의사의 후속 조치를 받으면 된다.

유-헬스를 기다리는 두 번째 그룹은 건강해지고 싶은 일반인이다. 이런 사람들의 요구에 부응하기 위해 '웰니스'Wellness라는 새로운 분야가 등장했고 웰니스는 이미 실내 자전거의 디자인까지 바꿔 놓았다. 맥박, 적정 페달 속도, 소모한 칼로리 등 건강 정보를 그 자리에서 알려주지 않는 실내 자전거는 이제 잘 팔리지 않는다. 자전거 말고도 몸의 움직임을 여러 곳에서 자동 분석해 하루 소모한 열량을 측정하는 기기가 등장해 만보기 대신 옆구리에 차고 다닌다. 지난해 독일 프랑크푸르트 연구소의 만틀러 박사는 적외선만으로 혈당을 측정하는 방법을 개발했다. 지금처럼 피를 뽑지 않아도 손목시계를 차거나 스마트폰을 갖다 대기만 해도 혈당이 실시간 측정된다. 내가 방금 먹은 케이크 한 쪽 때문에 혈당이 솟아오르는 장면을 실시간으로 지켜본다면 과식하기 힘들 것이다. 출렁

원격진료는 의료 여건이 열악한 아프리카 등 오지에서 위력을 발휘한다.

이는 뱃살을 잡는 데 아내의 잔소리보다 스마트폰이 더 효과적인 세상이 되고 있다.

치매 노인이나 건강해지려는 일반인은 당장 목숨이 위태롭진 않다. 진단과 처방을 신속하게 받으면 생명을 건질 수 있는, 더 절박한 사람들이 있다. 이들에겐 유-헬스가 생명줄이나 다름없다. 아프리카에선 전 세계 질병의 90%가 발생하지만 아프리카 가나의 의사 수는 10만 명당 6명으로 경제협력개발기구OECD 회원국 평균인 300명과는 비교도 되지 않는다. 실제로 남아프리카 지역에선 해마다 60만 명이 결핵으로 숨진다. 내성(耐性)이 있는 결핵균을 죽이는 항생제를 찾아내는 데만 이곳에선 두 달이 걸린다. 진단 키트만 제대로 공급돼도 이런 검사는 이틀이면 가능하다. 최근 내성균을 죽이는 항생제 식별 시간을 5시간으로 줄인 칩chip이 국내 연구진에 의해 개발됐다. 결핵 같은 감염성 질병을 현장에서 즉시 진단한 뒤 먼 곳에 있는 의사의 처방을 받게 하는 유-헬스 기술은 이들을 죽음의 문턱에서 데려온다.

비전문가도 현장에서 즉석 검사

비非전문가라도 현장에서 쉽게 할 수 있는 유-헬스 진단의 핵심기술은 '칩 속의 실험실'이란 의미인 '랩온어칩Lab-On-A-Chip', 즉 '초미세 측정 칩'이다. 현재 병원 진단 검사의 64%는 혈액 · 소변 · 세포 등 액체 속의 어떤 물질, 예를 들면 콜레스테롤 · 바이러스 · DNA 등이 대상이다. 손톱만 한 칩 내에 머리카락의 30분의 1 정도 굵기의 채널을 수십 개 만들고 여기에 깨알만 한 혈액을 흘려 보내면 혈당 · 간 효소수치 · 병원균 등이

1 운동량 측정기. 허리에 차고 걸으면 거리 운동 강도 소모 칼로리 등이 측정된다. 이 정보는 병원 등에 전송 가능하다.

2 '랩온어칩Lab-On-A-Chip'. '초미세 측정 칩'으로 유-헬스 진단의 핵심기술이다. 손톱만 한 칩 내에 깨알만 한 혈액을 흘려 보내면 혈당 간 효소 수치 병원균 등이 동시 측정된다.

3 형광발색기술. 세포의 여러 물질을 다양한 색깔의 나노nano 소재로 염색하면 그 물질의 양과 이동 상황을 실시간 측정할 수 있다. 여기서 붉은색은 염색체와 DNA, 녹색은 세포 골격이다.

동시 측정된다. 수영장에 넣은 모래알 정도의 소금도 감지할 만큼 예민한 초미세 측정 칩이 유-헬스의 핵심기술이다.

초미세 측정 칩과 스마트폰이 만났다. 스마트폰은 유-헬스를 위해 만들어졌다고 해도 지나치지 않을 것 같다. 스마트폰엔 배터리 전원이 있고, 계산 기능과 GPS 기능이 있다. 또 화면으로 데이터를 실시간 볼 수 있다. 의사가 멀리 있어도, 전기가 없는 사막 한가운데서도, 스마트폰만 있으면 만사형통이다. 누구라도 혈액 속의 병원균을 1시간 내에 검사해 그 결과를 알 수 있고 의사에게 즉시 보낼 수 있다. GPS 기능을 이용하면 감염병이 어떻게 퍼지는가도 실시간 파악 가능하다. 지구촌 스마트폰 사용 인구는 이미 11억 명에 달한다. 세계 인구의 44%가 저개발국 등 외딴 곳에서 살고 있다. 원격진료가 필요한 곳이다. 스마트폰과 바이오기술이 만나는 그곳에 유-헬스가 있다. IT 최강국이며 차세대 성장동력으로 바이오 산업을 내세운 나라가 한국이다. 국내 연구자들이 바빠졌다. 최근 간 검사와 쥐의 암세포 위치를 볼 수 있는 스마트폰용 바이오센서를 개발한 정봉현 단장BINT(융·복합 헬스가드 연구단)은 "한국이 10년 내에 급성 병원균 진단 등 유-헬스 분야를 석권할 것"이라고 예측했다.

유-헬스는 의료 사각지대의 희망

감기로 동네 병원에 갔다가 "눈에 황달기가 보이니 간 검사를 해보라"는 의사의 말을 귀담아들은 지인은 췌장암 조기 발견으로 다행히 생명을 건졌다. 의사가 환자를 직접 보면서 진료한다는 것이 얼마나 중요한지를 보여주는 사례다. 맞다. 단순 영상과 숫자 데이터만으로 복잡한 사람의 몸을 수학문제 풀 듯 진료할 수는 없다. 지금 국내에서 유-헬스의 현장 적용은 그리 간단하지 않다. 기기상의 오류가 발생할 경우 불분명한 책임 소재, 더 심해질 큰 병원으로의 환자 쏠림 현상, 의료의 상업화 부작용 등을 우려하는 국내 의료계와 유-헬스 산업을 국가 먹거리로 키우려는 정부 사이의 갈등을 해결할 지혜가 절실하다. 필자는 확신한다. 세계 최고의 IT 보급률, 반도체 기술의 탄탄한 기반 위의 바이오칩 기술, 여기에 세계인이 몰려올 정도로 뛰어난 의술, 이런 삼박자가 잘 맞아서 한국 의료가 유-헬스로 전 세계를 놀라게 하고 세계 곳곳의 의료 사각지대에 새 희망을 줄 것이란 사실을 말이다.

03

DNA는 당신이 한 일 기억해 '꼬리표'로 남긴다
후성유전학

2013년 8월 영국 경찰은 성폭행 현장의 DNA 샘플과 일치하는 일란성 쌍둥이를 검거했다. 둘 중 하나가 범인인 것은 분명하다. 하지만 누가 진범인지 판단을 내리지 못했다. 더 이상의 다른 증거도 없는 상황, 쌍둥이 중 진범을 가려낼 방법이 없을까? 한 가지 있기는 하다. 지문이다. 놀랍게도 일란성 쌍둥이의 26%는 지문이 서로 다르다. 태반 내에서 두 태아에 가해지는 힘이 늘 같지는 않아서 피부 형성 시 손가락 주름이 달라질 수 있어서다.

쌍둥이가 장갑을 껴서 지문을 전혀 안 남겼거나 지문마저 같을 수도 있다. 그렇다면 둘 중 진범을 고를 방법은 전혀 없는 것인가? 쌍둥이 용의자 사이에서 영국 경찰의 고민이 깊어졌으나 마침내 진짜 범인을 찾아낼 수 있게 되었다. 막 태어난 일란성 쌍둥이라도 DNA 뼈대는 같지만 DNA에 달라붙는 '메틸기^基'란 '꼬리표'가 서로 다를 수 있다는 사실이 '유전학 학술지[enome Research'올 1월 호에 발표됐기 때문이다(사진 1).

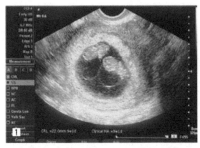

1 일란성 쌍둥이라도 태아 상태에서 DNA '꼬리표'가 달리 붙을 수 있다.

이제 영국 경찰이 현장 샘플과 쌍둥이 형제의 DNA '꼬리표'를 비교하면 사건이 종료된다. DNA 에 달라붙은 '꼬리표', 이것이 쌍둥이 중 진범을 가려내는 새로운 기법이다. 하지만 이 정도의 기술은 빙산의 일각이다.

살아온 환경이 유전자에 메모 남겨

DNA '꼬리표'는 그동안 풀리지 않던 문제들에 시원한 답을 제공한다. 즉 쌍둥이라도 왜 누구는 암에 걸리고 누구는 멀쩡한지, 학대받은 아이의 '꼬리표'는 어디에 붙어서 아이를 자살에 이르게 하는지, 또 이런 아이들을 사랑으로 감싸 안으면 정상으로 돌아올 수 있는지를 알 수 있게 됐다. 수정란이 된 이후에 겪는 환경, 즉 '후성^{後成}'이 후세에 전달된다는 '후성유전학'이 최근 각광받고 있다.

"그는 사람의 눈을 제대로 보지 못했다. 혼자 웅얼거리며 고개를 계속 흔들어댔다." 더스틴 호프먼 주연의 영화 '레인맨'의 모습이다. '레인맨'은 자폐증 환자다. 자폐증 환자는 미국에선 150명 중 1명, 한국에선 38명 중 1명꼴이다. 그동안 이 병은 뇌 발달 관련 유전자의 이상에 의해 생기는 유전병으로만 알고 있었다. 유전적으론 동일한 사람인 일란성 쌍둥

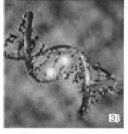

2 나이가 든 쌍둥이는 후성에 의해 몸 건강 상태도 서로 다르다.

3 DNA의 꼬리표(밝은 부분)는 DNA 뼈대에 부착된다.

이라면 당연히 둘 다 자폐증에 걸려야 한다. 하지만 자폐증 환자 중 일란성 쌍둥이의 30%는 한 사람만 자폐증이고 다른 한 사람은 정상이다. 이런 현상은 자폐증뿐만 아니다. 어릴 적엔 부모조차 혼동할 만큼 완벽하게 닮은 쌍둥이를 일흔 살이 돼 비교해보면 두 사람의 몸 상태가 서로 다르다. 특히 암 · 뇌질환의 발생 여부를 조사해보면 두 사람이 같은 병에 걸린 경우가 전체의 20%도 안 된다(사진 2).

왜 완벽히 같은 유전자를 가졌는데 누구는 병에 걸리고 누구는 정상인가? DNA 순서 이외에 무엇이 두 사람을 다르게 만드는 것일까? 추측 가능한 오직 한 가지 차이는 쌍둥이들이 살아온 환경이다. 즉 누구와 살았는지, 어디에서 살았는지, 무엇을 먹었는지가 똑같은 유전자를 달리 행동하도록 만든 요인이다. 어떤 사람이 보라색을 좋아하고, 삭힌 홍어를 먹으면 설사를 하며, 불쌍한 사람을 보면 지갑을 연다고 가정해보자. 이런 성품은 타고난 천성일까, 아니면 자라는 환경에 따라 달라지는 것일까? 즉 사람을 결정짓는 것은 본성Nature인가, 양육Nuture인가? 다시 말해 'DNA(유전자)'인가 '사는 환경'인가? 과학은 지금까지도 그 답을 찾고 있다. 정답부터 말하자면 '두 개 모두 작용한다'이다. 즉 우리는 부모가 준 DNA, 그리고 살면서 접하는 환경, 이 두 가지에 의해 지금의 모습을 갖게 된다. 그런데 환경이 우리 몸에 어떤 방식으로 영향을 주는 것일까? 이 질문에 후성 유전학은 답한다. '당신이 지난 여름에 한 일은 DNA에 '꼬리표'로 흔적을 남기고 대물림된다'고.

필자 주위엔 교수 부부가 몇 명 있다. 둘 다 가방끈이 길어서인지 자식들도 학교 성적이 좋은 편이다. 하지만 그렇지 못한 아이들도 수두룩하다. 원래는 좋은 IQ 유전자를 가진 아이지만 '공부만이 살 길'이란 부모의 폭풍 잔소리 덕분에 '꼬리표'가 주렁주렁 붙어서 공부 유전자가 제대로 작동하지 못하고 있는 것이다. 자녀의 학업을 독려하는 것은 괜찮지만 한국의 많은 부모들은 학업을 이유로 자녀를 학대하는 지경에 이르렀다. 이는 부모와 자녀 모두를 위해 속히 개선돼야 할 일이다.

'신경정신약학회지' 지난해 1월호엔 아동학대가 뇌 DNA에 '꼬리표'를 촘촘히 붙여서 이로 인해 자살에 이르게 한다는 연구 결과가 실렸다. 이 '꼬리표'는 '메틸기' 또는 '에틸기'의 분자이고 이 분자들이 DNA나 DNA를 둘러싼 히스톤이라는 단백질에 착 달라붙는다(사진 3). 이 '꼬리표'의 종류, 붙은 정도에 따라 그 유전자의 작동 여부가 달라진다.

아이를 학대하는 일뿐만이 아니고 부모가 헤로인 등 마약을 해도 DNA에 '꼬리표'가 붙는다. '신경과학Neuroscience' 2013년 9월호에 발표된 연구 결과에 따르면 헤로인을 장기 복용하면 뇌의 행동이나 중독·집착과 연관된 유전자에 '꼬리표'가 부착돼 후손에게 전달된다. 예컨대 할아버지가 아무리 좋은 유전자를 남겨도 아버지가 중간에 마약에 찌든다면 손자는 할아버지의 좋은 유전자를 '꼬리표'가 붙은 상태로 받아 결국 나쁜 손자가 된다. DNA가 아닌 DNA '꼬리표'가 당신 인생을 결정한다는 말이다.

환경호르몬도 '꼬리표' 역할

아동 학대나 마약 중독 등 뇌에 강한 자극을 주는 행동만이 DNA에 '꼬리표'를 붙이는 것은 아니다. 플라스틱 물통도 '꼬리표' 다는 일에 참여한다. 일부 PC(폴리카보네이트) 계열의 플라스틱을 만들 때 첨가하는 비스페놀 A는 환경호르몬이다. 환경호르몬은 생체 내에서 마치 호르몬처럼 행동해서 수컷을 암컷화하고 암수 비율을 교란시킨다. 2012년 '미국의학협회지JAMA'에 따르면 비스페놀 A는 특정 유전자에 메틸기 '꼬리표'를 빽빽하게 붙였다. 그 결과 실험쥐의 털색이 모두 변했고 뚱뚱해졌다. 주거환경 자체도 헤로인만큼 삶을 바꿔놓는다는 의미다.

2011년 '미국당뇨병학회지Diabetes'엔 임신 기간 중에 임신부가 다이어트를 심하게 하면 태아가 이를 비상 사태로 오인해 식사 관련 DNA에 '꼬리표'를 부지런히 단다는 연구 결과가 제시됐다. 이 '꼬리표' 탓에 태아는 태어나서 비만으로 직행할 수 있다. 이 '꼬리표'는 60년 이상 붙어있다. 게다가 태아 때나 어릴 적에 붙은 '꼬리표'가 나이 들어 붙는 '꼬리표' 보다 더 세게 붙는다. 태아 내에서 발달하고 있는 정자나 난자에도 '꼬리표'가 붙으므로 결국 태아 때 엄마가 먹던 음식이 3대인 손자까지 영향을 미치는 셈이다. 할머니의 무분별한 다이어트가 손자를 뚱보로 만들 수도 있다는 말이다.

여성은 태반을 통해 태아에게 영향을 줄 수 있지만 남성은 태반과 무관하다. 그럼에도 할아버지의 평소 생활이 손자에게 전달된다. 실제로 '세포 Cell'지 2013년 9월호엔 남자에게 엽산(비타민B군의 일종)이 부족하면 정자의 DNA에 '꼬리표'가 붙고 이 부착물이 새로운 정자가 만들어지는 과정에서 떨어져 나가기도 하지만 일부는 3~4세대까지 전달된다는 연구 결과가 발표됐다. 채소에 함유된 엽산의 섭취가 부족하면 심각한 발달장애가 발생한다. 남자의 '꼬리표' 성적도 튼튼한 아이를 만드는 데 중요하다는 뜻이다.

헤로인 복용으로 붙은 '꼬리표'를 떼어내 깨끗한 DNA를 후손에게 물려주고 싶다면 어떻게 해야 할까? '네이처 뉴스Nature News' 올해 1월호에 소개된 연구논문은 DNA 흔적을 지우는 작업이 가능하다는 것을 보여준다. 캐나다 몬트리올 동부지역 빈민가에서 태어난 문제 아이들 1000명을 30년간 개인적으로 관찰한 최초의 대규모·장기 연구이기에 그 결과는 신빙성이 있다. 아이의 엄마들은 고등학교도 나오지 않았고 대부분 20세 미만에 첫 아이를 낳았으며 육아에 좋지 않은 환경이었다. 태어난 아이들은 당시의 빈민가 아이들처럼 어려서부터 공격적이었다. 이런 문제 아이들에게 상담교사들이 직접 생활지도를 했다. 영양상태도 챙기고 술·마약·담배 등을 멀리하도록 방문·상담했다.

15년간의 노력 결과 1000명의 문제 청소년 중 이런 치유를 받은 아이들은 55%의 학교 중퇴율과 22%의 범죄 재범률을 보였다. 반면 아무 조치를 하지 않은 그룹의 중퇴율과 재범률은 각각 68%·33%에 달했다. 분노 행동과 관련된 유전자의 '꼬리표'도 조사해 봤다. 아이들에게 붙었던 분노의 '꼬리표'가 치유그룹 아이들에선 확실히 적었다. 흥미로운 사실은 이런 복구 노력을 일찍 하면 할수록 효과가 크다는 것이다. 어린 시절, 특히 6세 이전의 환경이 이런 '꼬리표'를 붙게 하는 데 제일 중요하기 때문이다. '세 살 버릇 여든까지 간다'는 속담이 그냥 나온 말은 아니다.

'꼬리표' 연구가 암 연구의 미未개척지

뇌종양 환자의 80%는 정상인과 DNA가 같다. DNA의 염기 순서가 변해 돌연변이가 돼야만 암이 생기는 것은 아니다. 뇌종양의 80%는 DNA가 켜지고 꺼지는 스위치가 잘못된 결과다. 전립선암은 서구의 남성암 중 1위다. 이 암 환자의 90%에서 전립선암 관련 DNA에 '꼬리표'가 빽빽하게 붙어있다는 사실이 확인됐다. 전립선 환자를 다루는 의사들은 이 '꼬리표'를 떼어 내는 일에 집중하고 있다. 이 작업을 제대로 수행하려면 흔히 유전체 프로젝트로 알려진 'DNA 순서지도' 대신 'DNA 꼬리표 지도'가 필요하다.

운명이라고 여겼던 유전병도 치료되는 세상이다. DNA 순서가 달라서 생기는 유전병은 DNA 자체를 아예 정상으로 바꾸는 '유전자 치료법'으로 고칠 수 있다. 이제 DNA 순서보다 더 중요한 역할을 하는 것이 DNA 스위치임을 우리는 안다. 이 스위치의 중요 부속인 '꼬리표'가 항해하는 배의 키처럼 우리의 일생을 결정한다. 영화 '말아톤'의 주인공 '초원이'는 자폐증 아이다. 20살이 되어도 5살 지능에 머물러 있다. 하지만 엄마와 주위 사람들의 믿음과 끈질긴 노력으로 그는 42.195km의 마라톤 풀코스를 완주한다. 초원이의 뇌에 붙은 '꼬리표'를 주변 사람의 정성 어린 사랑으로 떼어낸 것이다. 인간의 운명을 결정지었던 DNA, 하지만 이것을 조절하는 것은 결국 사람이다. 인간은 노력으로 주어진 삶보다 훨씬 건강하고 풍요로운 삶을 살 수 있다는 것을 DNA의 '꼬리표'가 우리에게 말해주고 있다.

헤로인 중독이나 2세 아이의 비만, 자폐증 관련 유전자도 결국은 사람 의지로 조절된다.

04

신장 뼈대에 줄기세포 발라 키우면, 새 신장 쑥쑥
3D 인체 장기 프린팅

아파트 위층에 사는 아이 엄마 얼굴이 어두워졌다. 세 살 아들과 함께 늘 밝게 인사하던 분이었다. 이유인즉 남편이 형에게 신장을 떼어주기로 했다는 것이다. 가족 중 유일한 이식 적합자이고, 아직은 건강한 남편이지만 수술이 잘될지, 남은 하나의 신장으로도 잘 살아갈지도 걱정이었다. 다행히 수술이 잘 끝나 다시 웃음을 찾았다. 이렇게 식구 중 장기를 떼어줄 사람이라도 있으면 정말 행운이다.

국내 신장이식을 기다리는 사람은 2013년 9월 현재 무려 1만3000명에 이르고 그것도 5년 이상 긴 시간을 기약 없이 기다려야 한다. 건강 백세시대 평균 수명이 늘어나면서 늙고 고장 난 장기를 바꾸려는 사람은 늘어나지만 심각한 장기의 부족으로 불법 장기거래, 심지어는 끔찍한 장기적출 살인까지 일어나고 있다. 그런데 적합 장기가 안 나오면 세상을 떠나야 하는 이들에게 구세주 같은 소식이 들려왔다. 바로 3D 프린터로 프린팅하듯 장기를 입체 제작한다는 소식이다. 신장을 입체 프린터로 만든다? 가능성이 희박한 아이디어 아닌가? 아니면 5년만 참고 기다리면 3D 프린터로 제작한 인공 신장으로 이식 대기자들이 생명을 이어갈 수 있을까?

영화 '제5원소'의 장기 재생기술과 흡사

1997년 브루스 윌리스가 주연한 SF영화 '제5원소'에서는 2300년의 미래세계에서 상상한 장기 재생기술을 선보였다. 과정은 다음과 같다. 인체 세포를 대량 배양한 다음, 골격을 만드는 물질과 섞는다. 그리고 얇게 자른 식빵을 하나씩 하나씩 붙여 나가듯이 심장, 간 그리고 뇌까지 만들어 인체의 모양을 완성했다. 마지막으로 섞여 있는 세포를 활성화시키자 드디어 인간이 완성됐다. 사실 이건 완전히 상상이다. 하지만 영화 속의 이 장면은 2013년 미 첨단과학학회AAAS에 발표된 3D 프린터로 장기를 입체제작하는 최신 기술과 정확히 일치한다. 16년 전 감독의 상상력에 입이 다물어지지 않는다.

3D 프린터는 공장에서 모형이나 시제품을 만들려고 시작된 기술이다. 집에서 사용하는 PC프린터는 2D, 즉 2차원 프린터이다. 평면종이에 극히 얇은 두께로 잉크가 쌓이는 것이다. 3D프린터의 원리는 잉크가 뿜어지며 반복적으로 굳어 차곡차곡 쌓이면서 모양이 만들어지는 것이다. 그 결과 평면의 글자가 아닌 손에 쥘 수 있는 입체적 물건이 생기는 것이다 (사진 1).

1 3D 프린터는 차곡차곡 쌓아가면서 물체를 입체로 제작하는 기술이다.
2 신장은 동맥(적), 정맥(청), 배뇨관(황)이 실처럼 엮여 있는 초정밀 장기이다.
3 신체의 정교한 혈관. 이처럼 정밀한 혈관을 만드는 게 3D 프린팅 인공장기의 난제다.

　버락 오바마 대통령은 2013년 세계의 신기술로 3D 프린팅 기술을 선
정했다. 이제 모형이나 시제품이 아닌 실제 생산용으로도 3D 프린터가
현장에서 사용되기 시작했다. 하지만 플라스틱으로 만든 딱딱한 물건과
는 달리 인간의 장기는 살아 있는 세포 덩어리다. 3D 인간장기 프린팅,
과연 가능할까? 그렇다면, 무엇이 핵심 기술일까? 국내에서 지난 10년간
총 2만6000건의 장기 이식 중 절반 이상인 51%를 차지한 신장을 통해
확인해보자.

　신장이 망가지면 대처 방법은 현재 다섯 가지가 있다. ①인공 신장 ②
다른 사람의 신장 이식 ③망가진 부분에 줄기세포를 주입하는 치료 ④돼
지 신장 이식 ⑤세포가 들어간 신장을 외부에서 제작, 이식하는 방법이
다. 각 방법의 현 주소는 이렇다.

　신장은 인체 핏속에 있는 노폐물을 걸러내는 장기다(사진 2). 신장이 제

대로 가동하지 못하면 피를 인체 밖으로 빼내 얇은 막을 통해 노폐물을 거르는 소위 '신장 투석'을 한다. 이 투석장치가 첫 번째 방법인 '기계적인 인공신장'이다. 하지만 일주일에 3번, 한 번에 3시간씩 누워 피가 기계 속을 돌아가는 모습을 봐야 한다. 하지만 인공신장은 그저 기계일 뿐이어서 투석환자의 12~15%가 1년 내에 사망한다. 이런 기기보다 인체 신장 내부는 훨씬 더 복잡하다.

가장 좋은 방법은 물론 두 번째 방법인 다른 사람의 장기를 이식받는 것이다. 적합한 장기만 구할 수 있다면 이보다 더 완벽한 방법은 없다. 앞에서 이야기한 '윗집 아이 엄마'의 경우처럼 웃음을 찾을 수 있는 최고의 방법이다. 이식 성공률 90%인 이유이기도 하다. 그러나 주려는 사람보다 받으려고 줄을 선 사람이 훨씬 많다. 극심한 수요·공급의 불균형이다. 2012년 한국 영화 '공모자들'은 장기밀매 살인이라는 등골이 서늘한, 무겁고 어두운 이야기를 다루었다. 그만큼 실제 이식할 장기가 절박한 사람이 많다는 이야기다.

세 번째 방법은 장기를 교체하지 않고 줄기세포로 수리하는 방법이다. 그런데 신장의 고장 난 부분에 새로운 줄기세포를 심었을 때 재생되는 비율이 아직 20%밖에 안 된다. 도시 사람이 귀농을 잘하려면 시골 사람으로 빨리 변해야 옆집과 막걸리도 나누며 제대로 어울려 살 수 있다. 뿌려진 줄기세포도 귀농하려는 도시인처럼 해당 장기세포로 변해야 하는데 아직 변환기술이 부족하다.

네 번째는 인간과 가장 흡사한 장기구조를 가진 돼지를 사용하는 방법이다. 면역거부 유전자를 없앤 미니 돼지를 키워 장기를 원숭이에게 성공적으로 이식했다는 것을 2012년 6월 농진청 국립축산과학원이 발표했다. 돼지를 이용한 방법은 비교적 쉽게, 신장을 다량으로 얻을 수 있는 장점도 있지만 인간 장기가 아니라 생기는 면역거부 문제, 그리고 혹시 있을지 모를 숨어 있는 돼지 바이러스 등이 아직 어려운 부분이다.

3D 장기 프린팅은 다섯 번째 방법, 즉 외부에서 키운 세포로 장기를 만드는 방법의 하나다. 인공 피부는 가장 간단한 3D 기술로 만들어진 입체 장기다. 콜라겐과 피부 세포를 섞어 손톱 두께로 만들면 된다. 인공신장 같은 복잡한 기관을 만드는 것에 비하면 쉽다. 신장이나 간·심장은 단순한 벽돌도 아니고 크기가 큰 입체 장기인 데다 안에는 많은 골격이 있다. 골격이란 건물의 철근·철망 같은 물질이며 철망 사이나 철근에 세포가 붙어 살고 있는 격이다. 따라서 실험실에서 인공신장을 만들려면 골격에 줄기세포를 붙여야 한다. 골격은 분해가 잘되는 생분해성 플라스틱으로 만들 수도 있고 콜라겐·젤라틴 같은 생체물질을 그대로 사용할 수도 있다.

2013년 스웨덴의 카롤린스카 연구소는 병실에만 있던 두 살배기 아기에게 생후 처음 바깥 공기를 쐬게 할 수 있었다. 날 때부터 기관지가 없어 중환자실에만 머물던 아이에게 맞춤형 인공 기관지를 만들고 여기에 줄기세포를 키워 붙여 이식했기 때문이다. 기관지는 원통형 골격의 겉에만 세포가 달라붙은 비교적 단순한 구조다. 대부분의 장기는 훨씬 더 복잡한 내골격을 갖고 있다. 따라서 최고의 방법은 골격을 실험실에서 새로 만드는 것이 아니라 인체의 것을 그대로 사용하는 것이다. 즉, 사람의 신장을 사체에서 구해 여기에 붙은 세포를 모두 썻어낸다. '핵심 골격'만 남은 신

3D 프린팅 장기

3D 장기 프린팅이 이식 대기자에게 희망을 주는 기술이기를.

장에 적합한 줄기세포를 풀 칠하듯 바르고 이 세포들이 신장 세포가 되도록 키운다. 생체로만 이루어진 이 장기는 완벽하다. 골격은 원래 장기의 것을 그대로 사용하고 세포는 자기 줄기세포를 사용하니 면역거부 반응도 없다. 실제로 2013년 저명 학술지 '네이처메디신Nature Medicine'에는 쥐의 신장에서 세포를 씻어내고 여기에 줄기세포를 붙여 키우자 오줌을 걸러내기 시작했다고 보고했다. 그런데 효율이 20%밖에 안 됐다. 100% 완전한 신장이 되려면, 구석구석에 세포가 잘 들어가 그곳에 맞는 각각 다른 종류의 세포로 완벽하게 바뀌게 해야 한다.

판도라 상자 여는 일? 신의 영역 침범?

그러면 3D 장기 프린팅 성공을 위해 가장 중요하고 어려운 핵심기술은 무엇일까? 혈관이다. 머리카락 굵기의 혈관을 어떻게 만들 수 있을까? 혈관이 없으면 산소를 공급받지 못하는 1cm 이하 크기의 세포는 모두 죽는다. 현재 가능한 방법은 실처럼 생긴 말랑말랑한 관에 혈관 세포를 섞어 배양하는 것이다. 자라면서 '스스로 알아서' 혈관을 만드는 혈관 세포 고유의 능력을 이용하는 것이다. 이론적으로는 쉽지만 실제는 고난도 기술로 이것이 3D 장기에서 해결해야 할 아킬레스건이다(사진 3). 이런 문제가 언제 해결될까? 그래서 장기이식 대기자의 길고 긴 명단에 올리지 않고 필요할 때 병원에서 장기이식을 금방 할 수 있을까? 전문가들은 기본 기술이 완성되고 실제 병원에서 쓰이려면 10~15년이 소요된다고 예측한다. 긴 시간이지만 최근의 발전 속도는 예측을 뛰어넘는다. 시간이 당겨질 것이다. 그렇다면, 다른 문제는 없을까?

최근 3D 프린팅 기술로 권총이 만들어졌다. 실제 발사도 된다. 놀란 미국 정부가 권총을 만드는 컴퓨터 설계 자료의 공유를 금지시켰다. 이처럼 과학의 발전은 때로 예상치 못한 부작용을 낳는다. 권총 같은 물건보다도 살아 있는 인간의 장기를 찍어낼 수 있다는 것에 실은 두려운 생각이 앞선다. 1997년 SF 영화 '아일랜드'에는 복제인간을 만들고 장기를 적출해 소포로 배송하는 장면이 있다. 영화 '공모자' 만큼이나 섬뜩한 내용이다.

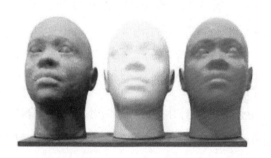

3D 프린터로 만든 플라스틱 인체모형. 장기 프린팅 기술이 판도라의 상자일까?

사람이 계속 장기를 바꾼다면 이론적으로 오래 살 수 있다. 물론 뇌 기능이 문제이지만 그것도 배양 가능하다는 내용의 논문이 2013년 8월 '네이처'지에 발표됐다.

도대체 인간은 얼마를 더 살고 싶은 것일까? 술을 진탕 퍼먹어 고장 난 간을 하루 만에 바꿀 수 있다면, 또는 마약에 녹은 뇌의 일부를 수리할 수 있게 된다면 무슨 일이 벌어질까. 인간이 이런 식으로 장기를 교체하면서 영생한다면 종교도 변할까? 우리는 혹시 판도라의 상자를 열고 있는 것이 아닌가? 우리는 신의 영역에 한 발도 아닌 두 발을 모두 들여놓은 게 아닌가 하는 두려움이 앞선다(사진 4). 과학은 늘 양날의 칼이다. 3D 장기 프린팅 기술도 줄기세포만큼 파괴력이 있는 기술임에 틀림없다. 3D 장기 기술이 영화 '공모자'나 '아일랜드'가 아닌 위층 아이 엄마의 웃음을 찾아 주는 따뜻한 기술에만 머무른다면 더없이 좋겠다.

05

불치병 환자에게 삶의 시간 더 줄 묘약 될까
체내 부동액

불치병으로 죽어가는 연인을 보내고 싶지 않은 남자는 연인과 함께 냉동 인간이 돼 50년 후 다시 태어난다. 그 사이 발달한 의학기술로 불치 병을 고쳐 두 사람은 새로운 삶을 살게 된다. 멜 깁슨이 주연으로 1992년 제작된 영화 '사랑 이야기Forever Young'다. 공상과학에나 등장할 이야기 같지만 이를 믿고 실제로 행동에 옮긴 사람들도 있다. 미국 애리조나 주의 '알코어 생명연장회사'에는 118명의 인간이 영하 섭씨 196도 액체 질소 속에 '잠들어' 있다. 사망 선고된 뒤 몸에 냉동 보존제를 넣고 언젠가는 다시 숨을 쉴 것이란 희망 속에 차가운 액체 속에 누워 있는 것이다. 엽기적이다 싶기도 하고 그렇게까지 오래 살고 싶을까 하는 의문이 들지만 이런 '인간 냉동 기술'이 가능하다면 당장 달려가고 싶은 사람들도 있다. 난치병 자녀를 둔 부모들이다. 아이의 생명을 잠시, 예를 들면 10년쯤 정지시키고 치료법이 개발된 뒤 소생시켜 남들처럼 제대로 된 삶을 살았으면 하는 애틋한 심정일 것이다. 현재 국내에는 매년 8만여 명이 암을 비롯한 난치병으로 죽어가고 있다.

우리 몸은 체온이 내려가면 생체시계가 느려진다. 이론적으로 절대 0도인 섭씨 영하 273도면 모든 분자의 운동이 얼어붙고 그 물체는 그 상태로 영원히 보존된다. 영하 196도의 액체 질소 탱크 속에 정자·난자 등 동물세포를 보관하면 거의 그 상태로 유지되는 이유다. 그러니 이론적으로는 액체 질소 통에 보관된 '사람'들은 수십~수백 년이 지나도 보관 당시, 즉 사망 당시의 인체상태를 그대로 유지한다고 할 수 있다. 하지만 인체 내의 수분이 어는 게 문제다. 그래서 사망 직후 인체 내 모든 물을 최대한 빼내고 '부동액'으로 채운다. 물론 그렇게 '보존'한다 해도 현재 기술로서는 '냉동 보존'된 사람을 다시 살릴 수 없다. 사망 원인도 원인이지만 얼리고 녹이는 과정에 세포가 다 망가진다. 가장 큰 어려움은 뇌가 그대로 '기억'을 유지한다는 보장이 없다는 점이다. 인간 냉동은 현재로선 공상이다. 하지만 물이 꽁꽁 얼어붙는 극저온, 예를 들면 영하 30도까지 체온이 떨어져도 어떤 동물은 체액이 얼지 않고 싱싱하게 살아 있다. 어떤 이유일까?

남극 물고기와 알래스카 누드애벌레 생존법

2013년 세계 5대 과학잡지인 '미 국립과학원회보PNAS'에는 영하 30도에서도 멀쩡하게 살아남는 알래스카 홍나비의 '누드 애벌레'의 몸속에 얼지 않는 물질이 있음을 밝혔다. 즉, 부동 단백질AFP: Anti-Freeze Protein 덕

1 한겨울이 돼도 나무나 어떤 동물은 부동액을 사용해 얼지 않는다.
2 식물 잎에는 서리가 잘 내리게 돕는 미생물이 있다.
3 미생물에서 얼음이 잘 얼게 하는 물질을 만들어 인공눈을 즐긴다.
4 얼음인간상. 얼음을 다루는 자연의 기술을 이제 인간이 응용한다.

분에 이 애벌레는 물이 꽁꽁 얼어붙는 영하 30도에서도 체액이 얼지 않고 액체 상태로 있는 것이다. 겨울이 되면 자동차 냉각기에 부동액을 넣는데 이 털 없는 애벌레는 확실한 부동액을 몸 안에 갖고 있는 것이다. 게다가 이 부동물질은 자동차 라디에이터용보다 훨씬 좋아서 자동차 부동액의 0.2% 정도만 있어도 효율은 같은 아주 '센' 녀석들이다. 이런 부동액을 사람에 넣으면 영하 30도에서도 몸이 안 얼지 않을까? 사람을 냉동 인간으로 만들어도 피가 얼지 않으면 무슨 일이 생길까? 영하 30도에서도 사는 동물처럼 살아남을 수 있지 않을까?

남극 바다의 수온은 영하 2도. 여기 사는 물고기는 따뜻한 물에서 사는 물고기와 달리 피 속에 부동 단백질이 있어 얼지 않는다. 살아남기 위해 진화한 결과다. 물고기뿐 아니라 개구리도 이런 물질을 갖고 있다. 2013년 '미 실험생물학회지J. Exp. Biol'는 개구리를 영하 2도까지 얼려

가사 상태로 만들었다가 온도를 높이자 꿈틀대고 살아나는 동영상을 인터넷에서 보여줬다. 개구리 체내 부동물질은 개구리 오줌의 주요 폐기물인 요소urea였다. 폐기물질이 부동액인 셈이다. 영하 2도에서도 체액이 얼지 않으니 개구리가 겨우내 계곡의 찬물에서 겨울 잠을 자는 건 일도 아니다.

얼지 않고 혹한에도 살아남는 식물과 세균도 있다. 식물은 단단한 세포벽 덕에 말랑말랑한 동물보다 견디기 쉽다. 겨울이 되면 에너지가 필요한 잎사귀를 스스로 절단해 낙엽으로 떨어뜨리면서 겨울 준비를 한다. 나무 속 당은 혹한에 수액이 얼지 않게 한다(사진 2).

한겨울, 영하의 건조한 사막에는 죽은 넝쿨처럼 굴러다니는 식물 '부활초'가 있다. 성경에 나오는 '여리고 계곡'에 주로 사는 부활초는 겨울이 되면 몸 안을 당(트리할로스)으로 가득 채운다. 당은 웬만해선 얼지 않으니 부동액으로 가득 차는 셈이다. 덕분에 사막의 건조하고 추운 날씨에도 얼어 죽거나 말라 죽지 않고 '죽은 듯' 굴러다니다 따뜻한 봄, 물을 만나면 수시간 만에 생생하게 살아나는 것이다(사진 5). 이렇게 죽었다 살아난다는 의미로 '부활초'resurrection plant라 부른다.

겨울 계곡의 개구리, 남극 바다의 물고기, 알래스카의 누드 애벌레, 사막의 부활초, 모두 꽁꽁 얼어붙는 겨울에 살아남는 뛰어난 놈들이다. 그런데 뛰는 놈 위에 나는 놈 있다고 이 녀석들보다 한 수 위인 녀석이 있다. 2007년 미항공우주국NASA에서는 우주선에 '물곰Water Bear'이라는 길이 1mm짜리 아주 작은 동물을 태웠다. 그리고 우주에서 그대로 밖으로 내보냈다. 그런데 이놈은 10일 후에까지 살아 남아 지구로 돌아왔다. 이

혹한의 사막에서도 잘 견디는 부활초. 생체 부동액 덕에 물에 담그면 세 시간 만에 싱싱해진다.

'지독한 놈'은 극한의 기온에서 신체의 물을 부활초처럼 부동물질인 당(트리할로스)으로 바꿔 살아남았다. 그런데 사실 '별로' 놀랍지 않은 것은 이놈이 실험실에서 -200도에도 살아남은 비상한 능력을 이미 보여줬었기 때문이다. 극한의 세계를 견디는 고수 중의 고수인 셈이다.

영하 196도 속 냉동인간이 부활할 날은…

이른 겨울의 스키장에선 인공제설기로 질 좋은 눈을 공급한다. 인공 눈을 만드는 중요한 물질은 사실은 서리 맞은 배추 잎을 유심히 관찰하던 한 대학원생이 만들어냈다. 대관령의 때 이른 서리에 배추가 얼어붙으면 농민들은 변덕스러운 날씨에 분풀이하듯 서리 맞은 배추를 갈아엎는다. 배추가 얼면 배추 잎 세포가 부서지면서 영양분이 흘러나온다. 그것을 먹고사는 놈들은 배추 잎에 붙어사는, 눈에 안 보이는 미생물들이다. 이놈들은 배추를 빨리 얼려 터트려야 먹고 살 수 있다. 얼음을 잘 만들어 터트리려면 물 분자가 얼음 구조로 되도록 잡아주는 '골격물질'이 있어야 된다. 날씨가 영하라고 해서 얼음이 생기지는 않는다. 수분인 물 분자를 잡아주는 게 있어야 얼음, 즉 서리가 빨리 만들어진다. 그런데 배추에 붙어 사는 이 미생물들은 신기하게도 이런 물질을 만든다. 바로 얼음형성 단백질Ice Nucleation Protein이다. 덕분에 서리가 잘 내리게 된다(사진 3-1). 미네소타 대학의 대학원생인 메릴린은 이를 사용해 인공 눈을 만들었다. 즉 이것을 인공적으로 많이 만들어 찬 겨울 하늘에 물과 함께 뿌리면 아주 쉽게 얼음 알갱이, 즉 인공 눈이 만들어진다. 그 작은 물질 덕분에 눈이 오지 않아도 질 좋은 눈을 즐길 수 있는 것이다. 자연의 선물이다(사진 3).

그러면 알래스카의 누드 애벌레의 부동 단백질AFP은 무슨 선물을 줄 수 있을까?

아이스크림은 부드럽고 차가워야 제맛이다. 하지만 그렇게 만들려면 지방을 첨가해야 하는데 달갑지 않다. 그렇다고 그게 없으면 아이스크림이 얼어 딱딱한 아이스케이크가 되고 만다. 여기에 남극 물고기의 부동 단백질AFP을 첨가하면 사각사각하고 목에 잘 넘어가는, '부드럽고 시원한' 아이스크림이 탄생한다. 냉동고에 오래 넣어도 얼지 않고 잘 견딘다. 이런 부동 단백질AFP은 추운 지방의 양어장에 조금만 넣어도 빙해를 막아준다. 병원 수술실에서도 만날 수 있다. 이식용 난자나 정자를 보관할 때 큰 힘을 발휘한다. 세상 어느 곳이든 얼음과 생체가 만나는 곳에서는 이 녀석이 제 몫을 톡톡히 하고 있는 셈이다.

영하 196도의 차디 찬 스테인리스 통에 들어 있는 '냉동 인간'의 부활은 아직 먼 훗날 이야기다. 하지만 공상 영화의 '상상 속 기술'은 조금씩 실현돼 왔다. 1873년 줄 베르느가 쓴 『해저 2만 리』, 『80일간의 세계일주』에 등장한 '상상 기술'은 59%가, 1895년 허버트 웰스의 공상소설 『타

임머신』, 『투명인간』에 나오는 기술은 66%가 이후에 구현됐다. 지금 저온에서의 인체를 연구하는 과학자들은 알래스카나 남극의 '고수 생물'이 알려주는 자연의 얼음 다루기에 놀라고 있다. 지금은 스키장의 인공 눈이나 아이스크림에 머물지만 이를 인체에 응용할 때가 다가오고 있다(사진 4). 불치병으로 목숨이 얼마 남지 않은 아이들에게도 다른 사람만큼의 시간을 줄 수 있는 먼 훗날을 상상해본다. 인간의 상상력은 늘 과학을 앞질러 왔다. 과학의 진보를 가져온 그 상상력에 과학도로서 경의를 표한다.

냉동 인간은 아직 공상과학이지만 자연은 조금씩 답을 주고 있다.

06

맞춤형 아기, 질병 원천봉쇄 … DNA가 팔자 고친다
21세기 사주팔자 - 인간 유전체

영화 '툼 레이더', '솔트'의 여주인공,
세기의 액션파 배우 안젤리나 졸리가
2013년 5월 돌연 유방 절제 수술을 했
다. 여성에게 이 수술은 단지 가슴이 아
닌, 혼을 도려내는 것 같은 정신적 상실
감과 고통을 준다. 인기 절정의 그녀가
이런 결정을 한 것은 유방암에 대한 공

안젤리나 졸리와 배우자 브래드 피트 가
족은 역경을 이기는데 가장 큰 힘이다.

포 때문이다. 그녀의 어머니는 유방암과 함께 발병하기 쉬운 난소암으로
사망했고 최근 이모마저 유방암으로 사망했다. 이런 가족력뿐 아니라 졸
리의 유전자 검사 결과 유방암 억제 유전자BRCA1에 이상이 발견된 것이다.

암 세포가 실제로 유방에서 발견되진 않았지만 암 발생 가능성이 87%

나 돼 취한 결정이었다. 어린 자녀와 건강하게 살고 싶어 이런 '대비' 수술을 했다는 그녀의 말은 중요한 사실을 우리에게 환기시킨다. 즉, 암세포가 발견되어야, 다시 말하면 병이 생겨야 수술을 하거나 약을 먹는 게 아니라 미래에 발생할 병에 미리 대비하는 새로운 '지놈 의학' 시대가 오고 있으며 그 중심엔 우리 몸의 유전자 정보, 즉 인간 지놈이 있다는 것이다. 인간 유전자 정보는 우리 인생의 청사진이다.

21세기는 지놈genome(유전체), 즉 유전자의 시대이다. 1인 유전자를 모두 해독하는 인간지놈 프로젝트는 1990년부터 모두 13년, 30억 달러가 투입됐다. 하지만 지금은 1000달러를 내면 하루 만에 한 사람의 유전자 정보를 얻을 수 있다. 3억원씩 하는 고급 스포츠카 페라리를 100원에 살 수 있게 됐다고 할 만큼 비용이 줄었다. 1000달러로 자신의 유전자를 읽을 수 있다면 이 정보로 60세에 위암에 걸릴지 100세가 돼서도 자전거로 뒷동산을 오를지 예측할 수 있지 않을까? 답은 '그렇다'이다. 인체의 모든 세포에는 모두 같은 유전자가 들어 있다. 이 유전자는 부모로부터 각각 받는 23쌍의 염색체에 칭칭 감겨 있다. 그 끝에는 모두 30억 개의 DNA 염기 구슬이 늘어서 있다. 이 끈, 즉 유전자의 모임인 지놈 속에는 모두 2만 개 정도의 '일하는 유전자들'이 있다. 이 유전자 설계도에 따라 인체는 '일'을 한다. 그런데 사람마다 DNA 구슬에 아주 미세한 차이가 나타날 수 있다. 이런 개인차, 즉 구슬의 차이에 따라 사는 데 큰 문제가 없는 것, 예를 들면 '술을 잘 마시는가'부터 치명적인 유전병까지 두루 결정된다.

유전자 바꿔도 2세엔 효과 전달 안 돼

소아백혈병은 비정상적인 백혈구가 늘어 나는 치명적인 암으로 유전병의 일종이다. 현 재까지 알려진 그런 유전병은 4000종이 넘 는다. 소아백혈병처럼 하나의 유전자에 이상 이 있는 것, 파킨슨병처럼 여러 개의 유전자 이상으로 생기는 것 등 다양하다. 결국 부모 에게서 물려받은 유전자 세트, 즉 지놈에 따 라 내가 걸릴 유전병의 종류가 결정되는 것이 다. 유전병뿐만 아니다. 암을 비롯한 당뇨, 심

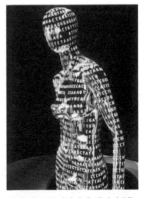

인체 세포 하나하나에 새겨져 있는 '유전자, 지놈'. 현대판 사주팔자다.

지어 우울증까지도 유전자와 밀접한 관계가 있다. '이런 형태의 유전자가 있는 사람은 우울증에 걸릴 확률이 얼마냐'라는 도표도 나왔다. 결국 내 가 무슨 유전병이 있는지, 위암에 걸릴 확률이 얼마인지, 내가 비만이 될 지가 DNA에 의해 결정된다는 것이고 이미 태어날 때부터 내 몸 안에 '프 린트'되어 있다는 것이다. 즉 DNA가 21세기 사주팔자라는 이야기이다.

이미 태어날 때부터 유전자의 순서는 결정돼 있고 더불어 나의 모든 건 강과 체질까지도 부모로부터 물려받은 것이라면 허탈해진다. 다 결정돼 있다는데 뭘 해보나? 방법은 없는가? 하지만 동양철학에서 사주팔자는 피할 수 없는 숙명이 아니고 본인의 노력에 의하여 바꿀 수 있다고 하지 않았나? 하물며 21세기 첨단과학이 DNA에 새겨진 질병을 치료하고 극 복할 수 없을까?

2013년 7월, 유명 과학잡지인 '사이언스'에는 희귀 유전병인 '이염성

DNA 사주팔자

* 이름 : 졸리
  - 유방암 억제
    유전자 이상
  - 유방암 발생
    가능성 : 87%
  - 미리 대비 할것

* 이름 : 홍길동
  - 비만 확률 : 80%
  - 위암 확률 : 60%
  - 우울증 확률 : 70%

인간지놈은 '특급 신체 정보'로 양날의 검이다.

백질이영양증'을 '유전자 치료법'으로 치료했다는 소식이 실렸다. 이 병은 태어나서부터 걷지 못하고 사지가 마비돼 결국 사망하는 유전병으로, 하나의 유전자ARSA에 문제가 발생하는 경우다. 이 환자에게 정상 유전자를 주입해 병을 일으키는 곳인 뇌 척수에서 정상 유전자가 제대로 작동하도록 유전자치료를 했다. 아직 임상 초기단계이지만 유전자치료법으로 유전병이 더 이상 숙명이 아님을 보여준 케이스다. 하지만 이 방법은 환자 본인에게만 효과가 있다. 즉 문제되는 환자의 뇌 척수 세포에만 정상 유전자가 작동하도록 한 것이지 온몸의 유전자를 바꾼 것은 아니다. 따라서 태어나는 2세에겐 환자의 유전병 유전자가 그대로 전달될 수 있다. 따라서 완전하게 2세의 유전자를 바꾸려면 부모의 생식세포, 즉 유전병을 가진 난자나 정자를 만드는 유전자를 정상으로 돌려놔야 한다. 이 방법이 근본적이고 이상적인 방법인데 그게 만만치 않다. 기술적으로는 다음 세대에 부작용이 생길 가능성이 있다. 또 다음 세대에 태어날 아이의 유전자를 미리 '원하는'대로 '조작'하는 것에 대한 사회적 · 윤리적 문제가 대두할 수 있다. 그래서 이미 몇몇 나라에선 법으로 금지한다.

건강과 관련된 미래의 정보 알려줘

유전자에 문제가 있을 경우 두 번째 방법은 미리 대비하는 것이다. 안젤리나 졸리의 경우는 비교적 '극단적'이지만 현실 생활에서 이를 실천할 수 있는 방법도 있다. 예를 들어 내가 비만형 유전자를 가졌다는 정보를 미리 알게 된다면 '한 입 더, 한 잔 더'의 유혹이 올 때마다 나의 S라인, 식스팩을 위해서 '의지를 작동해' 과감히 멈추는 것이다. 이처럼 DNA에 새겨진 나의 건강, '체질 팔자'를 예측해 병에 걸리지 않도록 대비하며 건강하게 사는 것이 미래의 건강관리법이다.

지놈 의학이 주는 또 하나의 혜택은 '개인맞춤형 약'이다. 유전자의 미세한 차이로 약에 효과가 있는 사람, 없는 사람, 또는 부작용이 생기는 사람이 있다. 따라서 개인 유전자의 특성에 맞춰 맞춤형 약을 처방할 수 있다. 이처럼 유전 정보는 우리에게 앞날의 운명, 특히 신체, 건강과 관련된 체질을 예측해주고 대비할 수 있게 해준다.

그런데 미래에 대한 정보가 인간을 반드시 행복하게 할지 의문이다. 너무 정확한 예언, 아주 잘 맞추는 '사주팔자와 궁합'은 오히려 독이 될 수도 있기 때문이다. '모르는 게 약'이라는 속담이 새삼 떠오른다.

결혼 상대를 고를 때 얻을 수 있는 모든 데이터를 동원해 '잘 살 것 같은 짝'을 고르는 것은 예나 지금이나 같다. 우리 조상은 상대방을 보지도 않고 사주 데이터만으로 상대를 판단하고 결혼도 했다. 1970~80년 대학

가에선 종종 단체미팅을 했다. 남자는 여성들이 내놓은 소지품을 골라 짝을 만났다. 누구의 것인지 모르는 손수건의 무늬, 스카프의 재질, 심지어는 루즈의 색으로 상대가 어떤 타입일지를 점쳤다. 때론 이러한 순진한 만남을 거쳐 결혼도 했다.

지금 결혼을 앞둔 커플은 종종 건강검진을 같이 받는다. 치명적인 질병은 없는지에 대한 확인도장인 셈이다. 평생을 같이할 사람의 건강을 확인하는 것은 중요한 '과정'이기는 하지만 어쩐지 너무 계산적인 것 같아서 와 닿지 않는다. 하지만 사주에 의한 결혼궁합을 보는 것보다 더 확실하게 상대방을 확인하는 방법이 건강진단인 것은 분명하다. 최근 더 '과학적'인 그러나 마음은 편치 않는 방법이 발표됐다.

2013년 미국 법원은 한 생명공학 회사(23andMe)가 제출한 특허를 승인했다. 이 특허는 '원하는' 아기를 만들어 줄 수 있는 컴퓨터 프로그램이었다. 원하는 아이의 키, 피부 색, 체질, 음악·미술에 관한 취미 같은 '베이비 쇼핑리스트'를 정한 다음 내 유전 정보와 결혼 상대자들의 짝을 맞춘다. 예를 들면 여성이라면 남자 후보 10명의 유전 정보를 받아 가장 적합한 유전자를 가진 사람을 골라주는 것이다. 과학적으로 본다면 불가능할 게 없다. 어떤 유전자 형태를 가졌는지에 따라 그 사람의 특성이 결정된다면 이를 조합해 원하는 후세가 나올 확률을 계산하는 것은 쉬운 일이다. 하지만 입맛에 맞는 아이를 쇼핑하듯 고른다는 것은 생각만 해도 끔찍하다. 유대인이 열등한 민족이라고 인간 청소를 자행한 히틀러와 다를 바가 없다. 이러하듯 지놈 정보는 양날의 검이다. 즉 개인 유전 정보는 21세기 인류를 질병에서 해방시킬 수 있지만 악의 구렁텅이로 몰아갈 수도 있는 '선악과善惡果'이기도 하다.

안젤리나 졸리의 어려운 결정을 적극 지지해 주고 흔들리는 마음을 잡아준 가장 큰 버팀목은 다름 아닌 배우자 브래드 피트와 여섯 아이였다. 배우자로서, 엄마로서 그녀가 얼마나 중요한 사람인지, 그리고 건강해진 그녀와 함께 손을 잡고 다닐 수 있는 것이 가족이 원하는 모든 것임을 안 것이 그녀로 하여금 공포에 맞서 수술실로 향하게 한 힘이었을 것이다. 졸리의 몸에 새겨진 유방암이라는 사주팔자를 과학의 힘과 가족의 사랑으로 극복한 것이다. 인간지놈은 인체의 설계도일 뿐 인간의 숙명은 아니다. 결국 인간을 행복하고 건강하게 살게 하는 것은 첨단과학보다도 사랑이라는 것이 미래의 인류에게도 마찬가지라고 필자는 소박하게 믿고 싶다.

07

동물의 오묘한 동면기술, 인간도 활용 눈떠
뇌 수면 조절

혈기왕성한 20대 때 친구들과 8월의 설악산 대청봉에 올랐었다. 한여름이라 반소매 차림에 별다른 준비 없이 오른 것이 화근이었다. 갑작스러운 소나기로 흠뻑 젖은 몸은 산 정상의 싸늘한 바람으로 덜덜 떨리기 시작했다. 추위 때문에 버너에 성냥을 긋지 못할 정도로 떨리는 손을 애써 멈추려 해보지만 속수무책이었다. 순간 가장 많이 떨던 한 친구가 안 보였다. 바위 구석에서 꾸벅꾸벅 졸고 있는 그의 얼굴은 오히려 평안해 보였다. 지금 돌이켜보면 너무 떨어서 성냥을 못 그었던 필자는 저체온증 1기, 그리고 바위에 앉아 졸던 그 친구는 의식이 혼란스러워지는 저체온증 2기의 위험한 상황이었다.

저체온증은 인간의 정상체온이 섭씨 35도 이하로 떨어지면서 발생한다. 이런 상황이 방치되어 체온이 27도까지 떨어지는 5기에서는 심장이 불규칙하게 뛰어 결국 심장마비가 발생하고, 심장마비 5분 후부터 뇌세포는 산소 부족으로 죽어가기 시작한다. 저체온증 사망자의 20~25%는 오히려 옷을 벗어 던진채로 발견된다. 저체온증으로 뇌의 온도감지기관이 고장 나서 오히려 덥다고 느낀 것이다. 저체온증이 더 위험한 것은 정작 환자 본인은 이런 증상을 잘 느끼지 못한다는 것이다. 설악산 대청봉에서 필자가 저체온증이었는지, 졸던 친구가 위험한 단계였는지 당시 극심한 추위에 떨던 우리가 몰랐던 것처럼 말이다. 이런 상황이 생기면 신속하게 젖은 옷을 바꿔 입히고, 심하면 알몸으로 껴안아서라도 체온을 올려야 한다. 우리 몸에 열이 나는 것도 문제지만 저체온이야말로 생명과 직결되는 초응급 상황이기 때문이다.

해발 3000m서 22도 체온으로 24일 생존

우리 몸은 보일러처럼 근육이나 심장에서 불을 때고 피부·폐 등을 통해 열이 빠져나가면서 늘 섭씨 37도로 체온을 유지한다. 어떤 이유로 체온이 낮아지면 이를 보충하려고 더 불을 때면서 산소를 더 많이 소비한다. 소변을 보고 몸을 '부르르' 떠는 이유도 빠져나간 열을 보충하려는 동작이다. 하지만 인간과 달리 일부 동물은 이런 상황, 즉 날씨가 추워지면 굳이 힘들여서 체온을 유지하려고 하지 않는다. 그 대신 아예 보일러의 온도를 낮추는 것처럼 체온을 내린다. 즉 대사 속도를 스스로 낮추는 것이다. 당연히 체온은 내려가서 겨울잠을 자는 곰의 경우 30도, 쥐는 15도, 북극다람쥐는 영하 3도까지 내려간다. 이때 심장은 거의 움직이지 않지만 뇌는 가사상태의 동면, 즉 겨울잠으로 한겨울을 난다. 겨울잠은 먹을 것이 부족한 겨울을 나기 위한 동물의 '기막힌' 생존 방법이다. 왜 동물은 스스로 에너지 소비를 낮추어서 낮은 온도에서도 충분히 살아남는데 사람은 정상체온에서 2도만 떨어져도 정신이 혼미해져 설악산 정상의 차가운 바람 속에서도 꾸벅꾸벅 조는 것일까? 사람은 겨울잠이 불가능한 것일까? 실제로는 인간 겨울잠의 가능성을 보인 '아주 보기 드문' 사건들이 있었다.

2006년 10월 일본의 해발 3000m 로코코산에서 미쓰다 우치코시(30)가 실종되었다가 24일 만에 산 채로 발견되었다. 발견 당시 그의 체온은 22도. 그 정도면 보통 이미 죽은 사람의 체온이다. 당시 그의 심장 박동은 거의 느낄 수 없었고 장기 기능은 거의 마비된, 죽음 직전의 상태, 즉 가사상태와 같았다. 하지만 병원에서 회복한 뒤 검진하니 그의 뇌는 말짱했다. 마치 동물들이 겨울잠을 자듯 차가운 날씨와 먹을 것이 없는 상황에서 24일간 낮은 체온 상태로 생명을 유지한, 거의 믿을 수 없는 일이 생긴 것이다. 의사들의 해석은 이렇다. 실족하면서 의식을 잃었고 몸의 대사속도가 급격히 떨어지는 현상, 즉 겨울잠의 첫 단계가 우연히, 아주 드물게 발생했을 것이란 것이다. 그의 뇌는 이 단계에서 급히 대사속도를 줄였고 덕분에 산소를 많이 필요하지 않았고 아주 조금씩 심장이 움직여 산소를 보내도 뇌세포는 살아서 견디었다는 것이다. 미쓰다의 경우 말고

촉각을 다투는 심장수술. 사람에게 겨울잠 같은 상태를 유도한다면 수술 효과가 한층 높아질 것이다.

도 이처럼 사람도 겨울잠이 가능할 거라는 단서를 준 사건은 또 있었다.

1999년 스웨덴에서 안나 바게홀름(29 · 여)이 스키 사고로 얼음 호수에 80분간 빠졌다가 발견되었다. 발견 당시 그녀의 체온은 섭씨 13.7도. 모두 그녀가 죽었다고 여겼다. 하지만 병원에서 그녀는 소생했다. 뇌세포도 완벽하게 보존돼 정상으로 돌아왔다. 어떤 이유인지는 모르지만 심장마비로 혈액 공급이 끊기기 전에 뇌는 아주 찬 물속에서 이미 '대기' 상태로 있었다고 의학계는 본다. 일본이나 스웨덴 사건은 물론 특수한 경우다. 전문가들도 이유를 짐작할 뿐이지 이것을 과학으로 증명하지는 못하고 있다.

겨울이면 따뜻하게 지낼 수 있는 인간은 다른 동물과 달리 겨울잠을 잘 필요가 없도록 진화해왔다. 하지만 그런 '겨울잠 기능'이 숨어 있다가 사고 발생 시 우연히 나타난 것은 아닐까? 그렇다면 인위적으로 사람을 겨울잠과 같은 '죽은 듯한 상태'로 만들 수 있는 것은 아닐까? 만일 이것이 가능하다면 심장마비 등으로 촉각을 다투는 환자들을 위해 치료 가능 시간인 '골든타임'을 벌 수 있지 않을까? 즉 간단한 '겨울잠 유도' 주사 한 방으로 몸속의 보일러 태우는 속도를 인위적으로 낮추는 것이다. 그렇게 해서 심장마비가 일어나도 수시간 동안 뇌세포를 생존시킬 수 있다면 더 많은 목숨을 살릴 수 있을 거다.

2013년 9월 미 신경과학잡지 J. Neuro science에는 동물을 인공적으로 겨울잠을 재웠다는 흥미 있는 얘기가 실렸다. 즉 정상적으로 활동하던 쥐에 어떤 물질을 주사했더니 마치 겨울잠에 들어간 것처럼 심장박동수가 급격히 떨어지고 체온도 15도까지 떨어졌고 호흡이나 심장박동을 거의 느낄 수 없는, 즉 죽은 듯한 겨울잠 상태가 된 것이다. 이때 사용한 주사 물질은 A1AR 수용체, 즉 겨울잠 신호버튼을 눌러 한 방에 잠을 재운 것이다. 이렇게 인공적으로 겨울잠과 유사한 상태를 어떤 물질을 사용해 이룬 것은 이번 연구가 처음이다. 하지만 겨울잠은 꼭 추운 곳의 동물만이 사용하는 기술은 아니다.

2011년 '사이언스' 잡지에 의하면 따뜻한 곳에 사는 일반 곰도 주위 온도에 큰 상관없이 먹을 것이 부족하면, 몸의 보일러 가동률을 50%나 낮춰 완전 겨울잠은 아니지만 잠자는 상태에 빠진다. 신기한 것은 영양 상태가 안 좋을 때 잘 나타나는 골다공증이 겨울잠 동물에게는 안 보인다는 것이다. 동물의 겨울잠은 대단한 기술이다. 아직 인간에게 적용된 경우는 없지만 2013년 미 공공과학도서관 학술지PLOS에는 인간과 가까운 여우원숭이도 따뜻한 지역이지만 '겨울잠' 같은 상태를 만든다는 것을 밝혔다. 쥐·곰 그리고 원숭이도 겨울잠을 자는 기술이 있는데 사람은 정말 없는 것인가, 아니면 아직 모르는 것인가? 만약 어떤 주사 한 방으로 사람을 죽은 것 같은 겨울잠 상태로 만들 수 있다면 어떤 일이 가능할까? 그 가능성은 상상 이상이다.

따뜻한 지역 곰, 식량 없으면 잠으로 때워

현재 심장 수술 시 저온요법을 병행하는 경우가 있다. 즉 수술 환자 몸에 차가운 담요를 덮거나 혈액의 온도를 낮춰 체온을 30도, 혹은 그 밑으로 내린다. 이 경우 몸의 활동이 낮아지면서 뇌세포나 주위 조직이 죽는 확률이 줄어든다. 하지만 이 방법엔 어려움이 따른다. 이 상태에서는 수술 가능 시간이 짧고 체온을 인위적으로 내리면 몸은 이를 원위치하려고 여러 가지 방어기제를 작동시킨다. 심장 박동을 더 빨리 하거나 근육을 심하게 수축시키는 운동을 한다. 이 때문에 이를 조절하는 약물을 주

겨울잠을 준비하는 북극곰.

입해야 하고 부작용이 생길 수 있다. 이런 경우 '겨울잠 유도 주사'한 방으로 온몸에 '자, 이제부터 몸의 보일러 온도를 내린다'는 신호를 보낼 수 있다면 몸은 겨울잠을 준비하는 곰처럼 스위치를 '안전하게' 또 '차례차례' 내릴 것이다.

또 하나는 공상과학에서 보던 일이 가능해지는 것이다. 미 항공우주국 NASA은 2030년이면 우주여행이 가능해진다고 한다. 화성까지 우주 비행 시간은 편도에만 1년 반이 소요된다. 현재 서울에서 뉴욕까지 가는 비교적 짧은 여행에도 승객 1인당 필요한 물 · 음식의 무게가 엄청나다. 하루도 안 되는 여행도 이런데 1년 반 동안 우주인이 깬 상태로 활동한다면 필요한 물건이 무척 많아져 무게가 대단해진다. 그런데 죽은 것처럼 잠을 잘 수 있다면 이런 모든 게 불필요해진다. 이런 상상은 공상영화에 자주 나오는 장면이다. "이제 화성입니다. 잠에서 깨어나십시오."

겨울잠이 가능해지면 1년 반의 긴 여행에 소요되는 식량을 평소의 1%까지 줄일 수 있다. 게다가 신체 세포는 거의 완전한 휴식을 한 셈으로, 시간이 흘러도 신체 나이는 늘지 않는다. 이렇게 몸의 온도를 일부러 낮추

겨울잠의 원리를 이용한다면 우주여행도 가볍게 다녀올 수 있다.

는 '인간 겨울잠 기술'이 가능해진다면 공상영화에나 등장하는 '인간냉동 기술', 즉 인간의 몸을 영하 196도로 얼려 저장했다가 훗날 다시 깨어나 기를 바라는 기술이 가능해질까? 인간냉동 기술은 아직은 상상 속에서만 가능한 먼 훗날 이야기이지만 '겨울잠 기술'은 그 첫 단추가 되지 않을까?

동물은 추운 겨울, 부족한 식량 때문에 겨울잠이라는 최소한의 자구책을 진화 과정에서 마련했다. 생존의 고수인 동물들이 갖고 있는 이 오묘한 기술을 인간은 이제 겨우 알아내기 시작했다. 이 기술로 무엇을 할 것인가는 순전히 인간의 몫이다. 겨울잠, 즉 동면冬眠은 아주 긴 잠을 자는 것이다. 인간이 겨울잠을 자려는 것은 어찌 보면 영원히 잠들지 않고 살아있으려는 영생永生 욕망의 역설적 표출이 아닐까?

08

환자 몸에 전자코 대니 양 냄새 … 정신분열증!
바이오 후각센서

10년 전 필자가 미국 퍼듀대학 연구실에서 백발의 노교수를 만났는데 환자의 건강과 냄새의 관계를 연구 중이었다. 그는 성분 분석기 앞에 줄줄이 늘어선 노란 액체 샘플 중 하나를 열며 냄새를 맡아보라고 했다. 코를 찌르는 고약한 냄새. 대장암 환자의 소변이었다. 기겁을 했다. 교수는 그러나 "오줌의 성분·양의 패턴과 질병의 종류, 질병의 진행 여부가 관계가 있다"며 "소변을 분석하면 병을 진단하고 예측할 수 있다"고 의기양양했다. 그 냄새 나는 소변을 보면서 조선시대 어의들이 임금의 대변을 관찰하고 소변 냄새를 맡았다는 사실이 떠올랐다. 미국 최고 연구실에서 진행 중인 아이디어는 500년 전 조선 왕궁에서 이미 실시된 것이 아닌가. 어깨가 으쓱했다.

하지만 조선시대보다 훨씬 오래 전인 고대에서도 냄새는 의료 진단의

한 방법으로 사용돼 왔다. 중국의 오래된 한의학에서 진료는 네 가지 감각으로 행해져야 한다고 적혀 있다. '보고', '듣고', '물어보고', '만져본다'. 그중 '듣고 묻는' 과정은 환자 구강의 이상뿐 아니라 구취로 병을 진단하는 중요한 의료술이었다.

질병에 따라 생기는 냄새에 대한 최근의 임상연구도 많다. 일례로 정신분열증의 경우 뇌신경 전달물질인 도파민 관련 효소 이상으로 인한 헥사노익산 때문에 양¾ 냄새가 희미하게 난다. 요로 감염이 있으면 휘발성 물질인 이소발린산으로 인해 소변에 고약한 오래된 윤활유 냄새가 난다. 사람의 날숨에는 몸 안 내부 세포의 대사와 관계있는 물질이 포함된다. 당뇨에는 아세톤, 유방암엔 프로판올, 낭포성 섬유증에는 이소프렌이 다량 포함돼 있어 각각 유성매직잉크, 소독용 알코올, 휘발유 냄새가 약하게 난다. 폐암도 시너 냄새가 나 70%의 정확도를 가지고 진단할 수 있다. 따라서 일본 지바의대가 '개가 사람 몸의 냄새로 대장암을 진단할 수 있었다'고 한 의학 보고도 가능한 일이라 할 수 있다.

지금까지 질병과 냄새 연구에 사용한 분석기기는 가스분석기와 질량분석기였다. 따로 사용하거나 함께 사용해 분석했다. 하지만 이런 분석기는 휴대가 쉽지 않고 내용 분석도 어려워 별도로 분석 전문가가 필요하다. 좀 더 간편하고 정확하게 냄새를 분석할 수는 없을까.

범죄 영화에서 추적견은 추적의 종결자로 등장한다. 개가 코를 킁킁거리며 나타나면 관객들은 범인은 이제 끝났다고 여긴다. 머리 좋은 범인이라면 현장에서 자기 지문만 아니라 냄새도 지워버리는 방법을 고민해야할 판이다. 마약 탐지견의 후각은 인간보다 1만 배 정도나 예민하다. 냄새를 맡는 코 천장 부위 비강 면적은 인간의 76배이고 후각세포도 44배 많아 냄새 맡는 능력에선 지구에서 가장 뛰어난 동물임에 틀림없다. 그러니 마약 탐지견으로 활약하는 코커스패니얼이나 진돗개를 병원마다 데려다 놓고 진단에 동원하면 어떨까. 환자들 반응이 아무래도 썩 좋지는 않을 듯싶다. 게다가 1년 넘게 훈련시켜도 겨우 마약 한 종류만을 찾아내는 수준이어서 수많은 질병을 진단하기는 애초부터 그른 셈이다. 그러나 혹 마약 탐지견의 코를 닮은 정교한 전자코가 있으면 어떨까?

동물 코를 닮은 인공 나노 전자코

후각의 메커니즘은 이렇다. 코 속의 축축한 비강으로 들어온 기체 상태의 냄새 분자는 냄새 수용체receptor에 달라붙는다. 수용체가 켜지며 전기 신호를 보내고 신호들은 모아져 뇌로 보내진다(사진 1). 2004년 노벨 생리의학상은 이런 후각의 원리를 밝힌 미국 연구자에게 돌아갔다. 연구 결과 같은 냄새는 같은 후각 수용체와 신경세포, 신경줄을 통해 모아지기 때문에 같은 냄새로 기억된다는 것도 밝혀졌다. 우리가 1만 개 정도의 냄새에 대한 기억을 각각 구분해 가질 수 있는 이유다.

하지만 인간의 경우 숫자의 아귀가 잘 맞지 않는다. 인체에는 냄새 수용체를 만드는 1000개의 후각 관련 유전자가 있지만 실제 수용체를 만드는 유전자는 이 중 350개다. 나머지 650개 유전자는 작동하지 않는다. 학계에선 진화 과정에서 350개만 발현된 것으로 본다. 그래서 350개 수용체로 1만 개 냄새를 기억하려면 '1개의 냄새-1개의 수용체-1개의 후각세포'가 아니라 '1개 냄새-여러 개 수용체-여러 개 후각세포'가 돼야 한

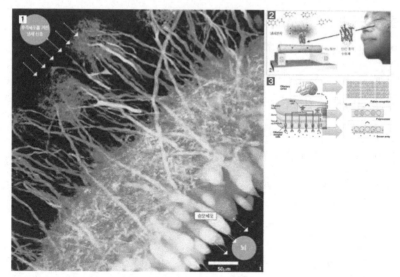

1 냄새 신호가 후각세포를 거쳐 신경줄(나뭇가지 같은 것)로 전달된 뒤 승모세포를 통해 뇌로 전 달된다.
2 인간의 냄새 수용체를 탄소 나노튜브와 결합시킨 전자코 나노후각센서 냄새 분자가 냄새 수용 체에 달라붙으면 아래에 있는 탄소 나노튜브에서 전기신호가 발생된다.
3 생체 후각시스템과 전자코의 냄새 패턴 인식 과정. 냄새가 안테나 같은 후각세포에 달라붙으면 상피세포와 뼈를 지나 후각 (멍울)에 있는 승모세포에서 모아져 뇌의 후각피질로 전달된다. 전 자코도 여러 개의 센서에서 오는 신호를 해석하는 장치의 결과를 패턴으로 인식해 어떤 냄새인 지 확인한다.

다. 바나나 냄새는 1·3·5 수용체, 사과향은 1·5·10·11 수용체라는 방식으로 수용체들이 중복되고 여러 다른 조합이 다양한 패턴을 만들며 신경에 전달되고 기억된다는 것이다.

　낚시꾼들은 고기가 미끼를 물 때 줄을 통해 전달되는 진동의 짜릿함 을 뇌 속 깊이 기억하고 그 때문에 '주말 과부'가 양산된다. 이 손맛의 신 호는 3단계 과정을 거치며 전달된다. 고기가 미끼를 무는 단계, 파르르 물 리적 진동이 생기는 단계, 낚싯줄을 거쳐 손까지 신호가 전달되는 과정이다. 냄새도 같다.

냄새, 즉 휘발성 기체의 분자는 세포 외부로 돌출된 단백질 수용체와 특이한 물리적 결합을 한다. 그 과정에서 냄새에 들어 있는 양이온(예를 들어 Na, Ca)이 막의 내부로 들어간다. 평상시 전기·물질적으로 평형이던 막의 균형이 깨지는 순간이다. 깨진 균형을 회복하기 위해 막에서 음이온이 방출되는데, 그러면 다시 평형이 깨진다. 이런 현상이 도미노처럼 퍼지면서 전기 신호가 발생된다. 연못 구석에 돌을 던지면 물결이 연못 가운데 한 방향으로 퍼져 나가는 것과 같다. 냄새의 신호 전달 속도는 초당 100m다. 그래서 곁을 스치는 여인의 향수에 남성들은 고개를 반사적으로 돌리게 되는 것이다. 거의 빛의 속도로….

전자코, 즉 인공 냄새 센서는 동물의 후각 시스템을 모방한다. 동물의 후각은 감지-전달-해석(후각세포-신경세포-뇌)의 3단계로 구성되며 전자코는 이를 '센서-신호 변환기-해석 장치'로 적용한다(사진 3). 센서는 전자코의 연구개발에서 핵심적인 부분이다.

인간은 1만 개 정도의 냄새를 기억

센서는 냄새 분자가 물질에 달라붙을 때 발생하는 변화를 활용하는데 반도체 방식, 전도성 고분자 활용 방식, 수정 진동자 활용 방식, 생체 수용체 방식이 있다. 기본 원리는 냄새 분자가 센서 물질에 달라붙을 때 발생하는 신호를 패턴화해 적용하는 것이다.

반도체 센서는 화학반응을 활용한다. 금속산화물로 덮인 반도체 분자 사이의 빈 공간으로 냄새 분자가 지나가면 화학 반응이 일어나며 반도체 종류에 따라 다양한 전기 신호를 발생시키는 현상을 이용하는 것이다. 냄새 분자가 내는 신호는 냄새마다 제각각이어서 일종의 지문finger print처럼 활용될 수 있다. 반도체 센서의 종류가 다양할수록 지문도 다양해지고 무슨 냄새인지를 가리는 정확도는 상승한다. 엄지 손가락 지문 하나보다 열 손가락 지문을 활용할 수 있다면 범인이 잡힐 확률은 엄청 높아질 것이다. 손가락들의 지문이 우연히 같다고 해도 열 손가락 지문이 같을 확률은 거의 제로에 가깝기 때문이다.

전도성 고분자 냄새 센서는 고분자 물질에 냄새 분자가 달라붙으면 저항과 전도도가 바뀌며 전기 신호가 발생하는 현상을 활용한다. 미항공우주국NASA이 사용하는 우주선 내 냄새 측정기가 사용하는 방법이다. 수정 진동자는 인위적으로 내부 진동을 발생시킨 수정quartz crystal에 냄새 분자가 붙으면 미세하게 무게가 변하고 이에 따라 진동수가 변화하는 현상을 활용한다.

최근 연구가 가장 활발한 분야는 생체 센서다. 서울대 박태현 교수팀이 장정식 교수 연구팀과 이 방식으로 생체 센서를 공동 연구하고 있다. 냄새 수용체에 냄새 분자가 달라붙으면 미세한 전기 신호가 발생하는데 이를 탄소 나노튜브를 이용해 측정하는 것이다. 그러나 생체 센서는 반도체 센서, 고분자 센서보다 만들기가 복잡하고 따라서 안정성이 낮다는 단점도 있다.

이제 마지막 단계, 냄새 센서가 보낸 신호를 해석하는 과정이 남았다. 바나나 냄새 분자는 350개의 수용체 중 예를 들면 1 · 3 · 5번 수용체에 달라붙는데, 이를 후각 신경세포가 수집해 뇌로 보내고, 뇌는 이 정보를 바나나 냄새라고 인식하게 된다. 패턴화된 후각 기억과 비교하기 때문이

의사가 냄새 센서를 환자의 입에 대면 냄새 정보가 슈퍼컴퓨터에 연결돼 질병을 예측, 진단할 수 있는 시대가 멀지 않았다.

다. 이 원리는 전자코에도 그대로 적용할 수 있다. 여러 종류의 냄새 센서에서 보내진 신호를 받아들이고 이를 이미 알려진 냄새 물질의 신호와 비교하면 무슨 냄새인지 알게 된다. 아~ 바나나 냄새구나.

이런 마지막 단계까지 거친 인공 전자코가 나오면 공항에서 마약 탐지견이 아닌 인공 전자코가 마약을 검색하는 풍경이 등장할 수 있다. 나아가 질병과 인체 냄새의 관계를 알아내 냄새만으로 질병을 진단할 수 있게 된다.

그래서 의사가 "아, 입 벌리고 숨을 내쉬세요"라며 볼펜 크기의 전자코를 입에 대고 진단하는 게 먼 미래의 일이 아닐 수 있다. 그렇다고 의사를 미덥지 않은 눈으로 볼 필요는 없다. 볼펜 내에는 마약견 수백 마리에 해당하는 후각 센서가 들어 있고, 이 센서들이 보내는 냄새 정보가 수퍼컴퓨터에 보내져 수천만 건의 질병-냄새 정보와 비교, 분석한다. 더 간단히, 더 정확하게, 그러면서도 더 빨리 질병을 진단하고 예방하는 데 냄새가 한몫 하는 때가 머지 않아 올 것이다. 그러길 기대한다.

09

도마뱀 꼬리처럼 … 생체시계 되돌려 신체 재생
유도만능줄기세포, iPSC

2003년 미국에서 애런 랠스턴이란 청년이 홀로 등반을 하다가 추락해 바위 틈에 손이 끼어버리는 사고를 당한다. 무려 127시간 동안 처절한 사투를 벌이다 그는 스스로 손을 절단한 뒤 사지死地를 벗어났다. 끈질긴 인간승리의 실화는 영화로도 널리 알려졌다. 사람보다 미물인 도마뱀도 잘라버린 꼬리를 다시 재생시키는데 그의 손은 원래 모습으로 재생되지는 않는 것인가? 도마뱀은 천적의 공격을 받을 경우 꼬리를 자르고 도망간다. 도마뱀 꼬리의 재생과정을 발표한 2011년 영국 BMCBioMed Central 잡지에는 '어떤 신호물질FGF이 잘린 부위에 많이 모여들면서 그곳에서 꼬리를 만들도록 한다'고 설명했다. 꼬리가 아닌 몸통의 다른 세포가 이 물질의 신호를 받고 꼬리세포로 변한다는 이야기다.

이런 원리가 인체에도 적용된다면 팔의 근육세포를 떼어내 파킨슨병을 치료할 새로운 뇌세포로 만들 수 있을 것이다. 체세포의 한 종류인 근육세포가 또 다른 종류의 체세포인 뇌세포로 바꿀 수 있는 방법에는 두 가지가 있다. 첫째는 근육세포가 수정란에 해당하는 원시 상태의 세포로 갔다가 다시 뇌세포로 변하는 방법이다. 둘째는 직접 뇌세포로 변하는 방법이다. 첫째 방법은 2012년 영국의 존 거든 박사와 일본의 야마나카 신야 교수에게 노벨상을 안겨준 역분화 기술이다. 둘째 방법은 2011년 네이처 지에 소개된 직접분화Direct Conversion 방법이다.

윤리 논란 잠재우고 면역장애 해결

성인의 근육세포는 60회의 정해진 세포분열을 끝마치면 죽음을 맞이해야 한다. 하지만 역분화 기술을 활용하면 이런 근육세포가 생체시간을 거꾸로 해서, 즉 분화를 거슬러 원래의 원시 상태로 갈 수 있다는 것이다. 이런 역분화 기술로 태어난 원시 상태의 줄기세포, 즉 유도만능줄기세포 iPSC·induced Pluripotent Stem Cell는 배아줄기세포, 성체줄기세포의 뒤를 이은 제3의 줄기세포로 각광받고 있다. 줄기세포 연구의 시동을 걸었던 배아줄기세포는 난자에서 얻는다. 4~5일 경과된 수정란 내부의 배아줄기세포는 분화능력이 가장 뛰어나다. 하지만 난자에서 얻어야 하는 윤리적 문제, 그리고 분화가 가장 잘되는 장점의 반대급부인 암 유발 위험성 때문에 임상 적용을 하는 데 어려움이 있다.

성체줄기세포는 우리 몸에 있는 줄기세포다. 극소량이지만 체세포와 섞여 있어 우리 몸이 늘 정상을 유지하도록 하고, 필요시 새로운 체세포로 변하는 능력이 있다. 새로 태어난 아기의 탯줄인 제대혈은 성체줄기

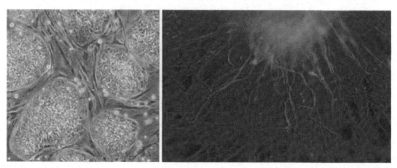

인간 수정란을 몇 번 분열시켜 얻은 배아줄기세포를 현미경으로 관찰한 모습(왼쪽). 배아줄기세포를 치료용 신경세포로 분화시킨 모습.

세포가 많이 모여 있는 곳이다. 덕분에 출산 후 장차 필요한 성체줄기세포를 얻을 목적으로 냉동 액체 질소에 보관해 놓은 제대혈 은행이 엄마들 사이에 인기다. 성체줄기세포의 한 종류인 중간엽 줄기세포는 수정란이 분열하면서 생기는 3개의 층 중에서 중간층으로 뼈 · 근육으로 분화할 수 있다. 성체줄기세포는 분화 능력이 떨어지는 약점이 있지만 그만큼 암 발생 확률이 낮고 무엇보다 윤리 문제가 없다는 장점이 있다. 게다가 자기 몸에서 분리하면 면역 반응에 문제가 없는 '환자 맞춤형 줄기세포'가 된다. 역분화에 의한 iPSC는 두 종류의 줄기세포가 가진 문제점을 일시에 해결할 수 있다. 즉 자기 몸의 세포를 역분화시켜 원시 상태의 iPSC를 만든다면 윤리 문제, 분화의 어려움, 면역 거부의 문제까지 한번에 해결된다. 이런 발전에 힘입어 줄기세포를 이용한 병의 치료는 밝은 미래를 던져주고 있다.

줄기세포는 21세기의 불로초라고 해도 과언이 아니다. 이렇게 생체시간을 되돌릴 수 있는 줄기세포는 치료 목적으로 활용 가능하다. 신체의 특정 부분, 예를 들면 손상된 척추 부위에 주입하면 손상 부위를 대체하는 직접 효과와 주위 세포들을 잘 자라게 하는 간접 효과가 있다. 자기 몸에서 나온 줄기세포를 사용해 치료를 하는 소위 '맞춤형 세포치료제'가 이미 임상단계에 들어서 있다. 주로 신경이 절단된 척추환자, 연골세포가 필요한 관절염 환자, 그리고 혈액세포에 문제가 있는 환자들에게 희망을 준다.

줄기세포가 필요한 둘째 분야는 특정질환세포로 변화시켜 질병 치료의 모델세포로 만드는 것이다. 예를 들면 10대 유전질환의 하나인 파킨슨병의 경우 뇌 중간 흑질 부위에서 신경전달물질인 도파민 생성 세포가 죽어가는 현상으로 아직 원인이 분명치 않다. 이 환자의 해당 부위 뇌세포를 역분화시켜 원시 상태의 줄기세포로 만든 다음 분화 과정을 거치면서 왜 이 세포가 파킨슨 세포로 변화하는지를 연구할 수 있다. 또한 이 세포를 대상으로 신약 후보 물질을 테스트할 수도 있다.

셋째 응용 분야는 줄기세포를 분화시켜 췌장·신장 같은 장기를 외부에서 만들어서 이식할 수 있다. 현재 신장이식의 경우 15%만이 장기이식을 받고 있을 뿐이다. 유전적으로 제작된 미니 돼지 등을 이용한 동물장기도 있지만 면역 거부의 장벽을 넘어서야 한다. 장기 형태를 만들기 위해선 줄기세포와 골격물질을 섞어서 프린팅 기술로 3차 구조를 만들기도 한다. 자기 몸의 세포를 사용할 수 있어 장기 기증의 가장 큰 장벽인 면역 적합성을 해결할 수 있다.

생명의 블랙박스 '분화'의 문 열리나

중국 시안西安에 묻힌 진시황은 불로초를 얻기 위해 백방으로 노력한 것으로 유명하다. 그가 현대과학의 iPSC를 알았더라면 지금쯤 지하에서 너무 일찍 태어났음을 원통해할 것이다. iPSC를 만드는 원리는 생각보다 간단하다. 보통의 체세포, 예를 들면 피부세포에 네 가지 생체유래 물질을 첨가해서 키우면 이것이 iPSC로 바뀐다. 최근에는 4개가 3개, 2개, 드디어는 1개 물질만을 첨가해도 원시줄기세포로 만들 수 있다는 연구 결과가 발표됐다. 생체시간을 한 개의 물질로 되돌릴 수 있다니 세포가 생각보다 유연하고 역동적이라고나 할까.

우리는 지금 생명의 블랙박스인 '분화'의 문을 열고 있다. 생명체를 연구하는 사람들이 가장 경이로워하는 부분은 바로 분화 과정이다. 즉 하나의 수정란에서 같은 유전자를 가진 세포로 분열, 그 수를 늘리더니 어느 순간부터 3배엽으로 나뉘고 각각 피부세포, 심장근육세포, 간세포로 각각 다른 운명으로 나뉜다는 것이다. 이런 정보는 어디에 있는 것일까. 이 정보를 정확히 안다면 우리는 줄기세포를 원하는 세포로 정확하게 분화시킬 수 있다. 역분화 줄기세포인 iPSC를 만드는 데 야마나카 신야 교수가 사용한 4개의 생체물질은 '유전자발현인자'라고 불리는 일종의 유전자 스위치 신호물질이다. 이 4개를 만드는 4개의 유전자를 바이러스에 실어서 세포로 집어넣었더니 4개의 생성된 신호물질 덕분에 세포가 원시 상태로 리셋이 된 것이다. 이런 분화를 조절하는 부분을 '호메오박스'라고 부른다. 어떤 순서로 유전자들이 발현될 것인지가 여기에서 정해진다. 돌연변이나 기형이 생기는 것은 이 과정에서 발생한다. 파리의 경우 호메오

박스를 바꿀 경우 다리 부분에 눈이 달린 기형의 파리가 생성됐다.

우리 몸 안에 있는 세포는 유전자 종류가 모두 같다. 다만 유전자 스위치에 따라 운명이 결정된다. 예를 들어 케라틴 단백질 부분이 켜지면 모발세포가 된다. 도파민 스위치가 켜지면 뇌세포가 된다. 따라서 유전자를 움직이는 마스터 스위치를 조절할 수 있다면 모든 세포의 스위치를 끈 원시 상태로 돌려서 iPSC를 만들 수 있다. 또한 iPSC의 도파민 스위치를 켜서 뇌 속에 넣는다면 파킨슨병을 치료할 수도 있다. 생명체의 시작이 바로 팔·다리가 생기는 분화의 과정이라면 역분화 기술은 원하는 대로 세포를 분화시키는, 생체시계를 거꾸로 돌리는 방법이라 할 수 있다.

역분화 iPSC는 배아줄기세포와 같은 뛰어난 분화 능력이 있다. 하지만 암세포로 변할 위험성이 더 크다. 또한 사용하는 4개의 전사물질을 만드는 유전자들이 모두 마스터 스위치 격이어서 암 발생과 밀접한 데다 유전자를 옮기는 과정에 바이러스도 사용돼 부작용이 발생할 여지가 크다. 최근에는 원시 상태까지 돌리지 않고 바로 원하는 세포로 변화시키는 소위 '직접분화'방법이 개발됐다. 원시 상태까지 변화시키지 않고 바로 원하는 세포로 간다면 iPSC가 갖는 부작용을 줄일 수 있다.

전 세계에선 지금 3000여 건의 줄기세포 임상시험이 진행 중인데 한국은 그중 10%를 차지하고 있다. 바야흐로 줄기세포가 '황금알을 낳은 거위'로 등장하고 있다. 한국은 실험실 연구 결과를 상용화하는 데 어느 나라보다 앞서가는 강점이 있다. 역분화 기술로 노벨상을 공동 수상한 영국의 거든 박사는 이미 1962년에 개구리의 체세포를 난자에 넣어서 올챙이를 만들었다. 생체시계를 거슬러 올라갈 수 있다는 것을 보인 후 50년 만

줄기세포

암

역분화
기술

iPS

뇌세포

모발세포

원하는 세포

인간 체세포에 4개의 유전자를 넣어 원시 상태의 유도만능 줄기세포iPSC로 만든 뒤 뇌세포나 간
세포 등으로 분화시킬 수 있다. 그러나 암으로 변환될 위험성도 있다.

에 노벨상을 수상한 것이다. 줄기세포 연구 경쟁에서 탄탄한 기초가 얼마

나 중요한지 말해주는 얘기다.

디아스포라(DIASPORA)는 독자 여러분의 책에 관한 아이디어와 원고 투고를 기다리고 있습니다. 디아스포라는 종교(기독교), 경제·경영서, 일반 문학 등 다양한 장르의 국내 저자와 해외 번역서를 준비하고 있습니다. 출간을 고민하고 계신 분들은 이메일 diaspora_kor@naver.com로 간단한 개요와 취지, 연락처 등을 적어 보내주세요.

손에 잡히는 바이오 토크 Bio Talk

—

1판 1쇄 2015년 9월 21일
1판 3쇄 2018년 6월 04일

—

지은이   김은기
펴낸이   손동민
편 집   손동석
디자인   김희진

—

펴낸곳   디아스포라
출판등록 2014년 3월 3일 제25100-2014-000011호
주 소   서울시 서대문구 증가로 18(연희빌딩), 204호
전 화   02-333-8877(8855)
팩 스   02-334-8092
이메일   diaspora_kor@naver.com
홈페이지 http://www.diaspora21.modoo.at/

ISBN   979-11-952418-4-2 03470